커피 추출의 법칙

THE TECHNIQUE OF COFFEE BREWING

MAMORU TAGUCHI · KOICHI YAMADA 지음

고경옥 옮김

GREENCOOK

PROLOGUE

•

커피에 있어서 추출은 클라이맥스의 순간이다.
커피를 컵에 따라 맛보기 직전, 마지막으로 맛을 결정하는 컨트롤이다.
추출은 결과가 바로 나온다. 바로 맛볼 수 있기 때문이다.
가장 눈부신 성취감을 얻는 기쁨의 순간이기도 하다.

태양이 가꾼 생두를 정성스레 핸드피킹(handpicking)하고 로스팅해서
섬세한 맛을 만들어낸다.
그렇게 우리 손에 들어오기까지 커피원두 한 알 한 알에는
많은 사람의 정성이 들어간다.
이러한 커피원두의 매력을 어디까지 끌어낼 수 있을까.
이 도전이야말로 선보여야 할 추출 기술이며 심오한 경지이다.

특히 페이퍼 드립은 선택의 폭이 넓다.
추출을 좌우하는 다양한 요소를 자유롭게 컨트롤할 수 있는 가능성이 숨겨져 있다.
맛에 대한 개인의 취향과 유행에 맞출 수 있는 잠재력 또한 지녔다.

추출이란, 탁월한 기술이나 숙련된 솜씨에만 의존하는 것이 아니다.
배전도, 가루의 굵기, 가루의 분량, 물온도, 추출시간, 추출량.
이러한 조건을 조금만 바꾸어도, 같은 커피원두에서 다른 맛의 커피가 탄생한다.
다시 말해, 그 법칙을 제대로 이해한다면
누구라도 자유롭게 원하는 맛을 끌어낼 수 있다.

원하는 맛을 끌어내기 위해 이러한 조건을 자유롭게 컨트롤하려면,
각각의 변화에 따라 어떤 결과가 나오는지
그 법칙을 확실히 이해하는 것이 필수이다.

이 책에서 전달하는 내용은, 모든 추출의 바탕이 되는 기술과
맛을 컨트롤하기 위한 법칙의 기본이다.
법칙을 이해했다면 어떻게 조합해서 컨트롤할 것인가.
당신이 익히게 될 커피 추출의 가능성은 더욱 커지고, 즐거움은 무한해질 것이다.
이러한 법칙을 모두 자신의 것으로 습득한다면,
나만을 위한 최고의 한 잔을 추출해낼 수 있다.

이제까지 추출 스타일과 맛의 취향은 시대의 흐름과 함께 변화해왔다.
융 드립, 사이펀, 페이퍼 드립, 커피메이커, 에스프레소와 같은 추출 방법 중에서
내가 신념을 갖고 페이퍼 드립을 선택한 지 반세기가 지났다.
지금, 세계는 마침내 페이퍼 드립의 시대가 열렸다.

이제 카페의 카운터에 드리퍼가 진열되는 시대이다.
에스프레소 머신 옆에 드리퍼를 갖추고
원하는 추출 방법을 선택할 수 있는 가게도 있다.
너무나도 기쁜 일이다.

•

나의 목표는,
반평생에 걸쳐 익힌 기술과 법칙을 갖고 저세상으로 떠나는 것이 아니다.
젊고 장래가 밝은 후계자들에게 그 법칙을 전해서
더 많은 손님에게 커피의 매력을 알리는 일이다.

가게 운영을 꿈꾸어도 좋고, 집에서 즐기는 것도 좋다.
커피콩을 로스팅하는 것은 진입장벽이 높지만, 페이퍼 드립은 쉽게 도전할 수 있다.
완전히 처음인 사람이라도 실패 없이 커피를 내릴 수 있으며,
더욱이 같은 도구로 최고의 맛을 목표로 삼을 수도 있다.

얼마 전, 30년 넘게 카페 바흐에 오시는 손님이 웃으며 이렇게 말했다.
가게에서 커피를 마시고, 추출 수업에 다니며, 커피원두를 사 가는 분이다.
"내가 바흐보다 커피를 더 맛있게 내린다니까!"
최고의 손님이다. 그 말이 진심으로 기뻐서 되새기게 된다.

이 책을 읽고 컨트롤의 법칙을 몸에 익힌 당신이
최고의 커피맛을 찾는 데 그치지 않고,
커피의 매력을 문화로서 전달해주기 바란다.

다구치 마모루

커피를 추출하기 전에

맛있는 커피란 무엇일까?

커피는 추출하기까지 수많은 과정을 거친다.

적절한 핸드피킹을 거친 양질의 생두를,

그 개성을 끌어내기 위해 적정한 배전도로 로스팅하고,

추출 직전에 추출 방법에 맞춰 균일하게 원두를 갈아야

원두의 장점을 최대한 살리는 추출을 시도할 수 있다.

본론인 「추출」을 다루기 전에 알아두어야 할

「맛있는 커피란 무엇일까?」 확인해보자.

커피 추출 전에 알아두어야 할 것

이 책은 추출의 컨트롤에 초점을 맞추고 있지만, 우선 추출에 이르는 긴 여정을 알아둘 필요가 있다. 추출이란, 추출하기까지 커피콩 한 알 한 일에 관여한 사람의 정성과 염원이 결실을 맺는 진정한 기쁨의 순간이다. 풀 마라톤에 비유하면, 결승선이 보이지 않는 곳에서 출발하여 오랜 시간 묵묵히 달려서 마침내 수백 미터를 앞에 두고 환호성을 받으며 결승지점의 테이프를 끊기까지의 빛나는 시간과 맞먹는 셈이다.

**추출이란,
커피콩 한 알에 담긴 정성이
열매 맺는 값진 순간**
●

「씨앗에서 컵까지(From Seed to Cup)」는 스페셜티 커피의 기본 이념이다. 하지만 씨앗 한 알에서 시작해 커피잔에 따라서 그 맛을 즐기기까지 모든 공정에 꼼꼼히 최선을 다하겠다는 말은, 스페셜티 커피만이 아닌 모든 커피에 공통되는 마음이다.

커피는 세계 각지에서 산지의 기후를 살려 재배하며, 산지에 따라 수확법도 다르다. 열매를 손으로 따는 방법도, 땅에 떨어트려 모으는 방법도, 수확한 열매에는 덜 익은 열매와 불순물이 들어가기 마련이다. 손으로 수확한다고 해도, 가지를 훑어서 대충 따는 방법과 완전히 성숙한 열매만 선별해서 따는 방법 등, 그 특성과 품질의 차이가 크다. 수확한 열매는 선별기나 사람의 손으로 선별해야 한다. 게다가 수확한 열매를 그대로 방치하면 부패하고 만다. 과육과 불순물을 제거한 다음 정제하고 건조해야, 마침내 저장하거나 유통할 수 있는 생두가 된다.

수입한 생두에는 여전히 불순물과 결점두가 많이 섞여 있다. 로스팅 전에는 언뜻 보기에 알이 가지런한 생두라도, 핸드피킹으로 신중하게 그것들을 골라내야 한다. 결점두는 커피맛을 크게 해치기 때문에, 먼저 그러한 마이너스 요인을 확실히 제거해야 한다. 모양이나 크기 또한 선별해야 가지런하고 균일하게 로스팅할 수 있다.

선별이 끝나면 드디어 로스팅에 들어간다. 커피의 맛은 커피 산지의 품종에 따라 결정된다고 생각하기 쉽지만, 이는 「같은 배전도일 때」라는 조건에서만 성립된다. 커피의 쓴맛·신맛의 범위와 질, 향의 강약, 깊고 풍부한 맛, 깔끔함 등의 요소는 생두에서 결정된다. 각각의 생두가 지닌 가능성을 올바로 파악해서 어떤 풍미를 누르고 어떤 풍미를 끌어낼지, 어떤 맛으로 완성할지 이미지를 떠올리면서 입체적으로 가공하는 작업이 로스팅이다. 배전도야말로 커피의 맛을 좌우한다고 해도 과언이 아니다. 즉, 생두가 지닌 맛을 최대한 끌어내도록 계산된 적정범위 안에서 취향대로 로스팅하는 것이 바람직하다.

커피의 재배에서 로스팅까지 기본적인 흐름을 개략적으로 소개했는데, 커피를 추출하기 위한 대전제로서 이러한 과정을 머릿속에 넣어둔 다음에 적절히 로스팅된 원두를 준비하는 것이 곧 추출을 시작하는 첫걸음이다.

1 재배_ 대규모로 관리되는 곳과 자연에 가까운 소규모인 곳이 있다.

2 모종_ 작은 모종에서 꽃을 피우기까지 약 3년이 걸린다.

3 수확_ 손으로 한 알씩 수확하거나 기계로 수확하는 등 다양하다.

4 열매_ 작은 초록색 열매가 크고 붉게 성숙한다.

5 체리_ 완숙되면「커피체리」라고 부른다.

6 햇볕 건조_ 완전히 건조해서 탈곡한다.

7 파치먼트_ 햇볕 건조한 상태에서 커피콩의 품질을 알 수 있다. 사진은 알이 고른 상태. 이후에 파치먼트(내과피)도 제거한다.

8 생두_ 이 단계에서 결점두를 어느 정도 제거한다.

로스팅한 원두를 사거나 자가배전(셀프로스팅)을 해도 좋다. 로스팅한 원두를 살 때는 질 좋은 원두를 고르는「정확한 눈」을 길러야 하며, 자가배전을 할 때는「확실한 실력」을 갈고닦아야 한다. 그러기 위해서는『다구치 마모루 커피대전』이나,『스페셜티 커피대전』을 참고한다.

맛있는 커피란 어떤 것일까?
●

또 한 가지 명확히 해두어야 할 것은「맛있는 커피란 어떤 것일까?」라는 문제이다. 언뜻 간단해 보이지만「맛있다」라는 판단은「좋다」,「싫다」와 똑같은 것으로 개인의 취향과 컨디션 등 여러 조건에 따라 달라지므로 정의하기 어렵다.

그래서「맛있다」라고 하기 이전에,「좋은 커피」,「나쁜 커피」라는 객관적인 표현을 즐겨 사용한다. 그렇게 하면 어떤 상황이든 누구에게나 명확한 기준을 제시할 수 있으며, 재현성을 높일 수 있다.

둘 중에서도 알기 쉬운 것은「나쁜」요소이다. 맛이 나빠지는 요소를 가능한 한 없애면, 그 결과로 추출되는 커피는「적정범위 안」의「좋은 커피」가 된다.「적정범위 안」이라면 기본적으로「맛없는 커피」가 되지는 않는다. 스트라이크존이 점 하나로 한정되는 것이 아니라, 어느 정도의 범위가 있다는 뜻이다. 완성된 맛이「볼」이 아닌「스트라이크」에 들어가도록 생두를 골라 로스팅하고 분쇄·추출하면 스트라이크존에 들어가는「좋은 커피」를 내릴 수 있다. 개인적인 취향과 기호는 그 다음 선택지인 셈이다.

그렇다면「좋은 커피」의 스트라이크존이란, 어떻게 구체적인 조건으로 표현할 수 있을까? 나는 항상 4가지 조건을 제시한다.

> 1. 결점두가 없는 양질의 커피콩
> 2. 갓 로스팅한 커피
> 3. 적절하게 로스팅한 커피
> 4. 갈아서 바로 내린 커피

각각의 조건에 대해 구체적으로 살펴보자.

1. 결점두가 없는 양질의 커피콩

반드시 값비싼 생두를 의미하는 것이 아니다. 주목해야 할 점은 결점두를 확실히 제거했는가이다. 결점두에는 다양한 종류가 있다. 발효 콩, 곰팡이 콩, 사두(死豆), 미성숙 콩, 벌레 먹은 콩, 흑두(블랙빈), 과육이 남아 있는 콩, 파치먼트(내과피, parchment), 쪼개진 콩, 조개모양 콩, 레드스킨(건조 중에 비를 맞은 콩) 등이 섞여 있으면 아무리 탁월한 로스팅 기술을 지녔어도 이상한 냄새나 부패한 냄새가 나고, 혼탁한 커피의 원인이 된다.

스페셜티 커피의 등장에 따라(스페셜티 커피에 관한 자세한 내용은『스페셜티 커피대전』을 참고한다)

커피는 고품질 시대를 맞이했고, 결점두의 혼입량이 크게 줄었다. 하지만 그럴수록 더욱 핸드피킹이 필요하며, 스페셜티 커피 외에도 충분히 품질 좋은 커피가 다양하게 존재한다는 사실을 알아두어야 한다.

2. 갓 로스팅한 커피

커피의 유통기한은 원두를 그대로 실온에 보존할 때, 로스팅 후 2주 이내가 기준이다. 물론, 주변 환경과 보존 방법에 따라 신선도가 좌우된다. 온도와 습도가 높은 곳에 보관하면 열화속도가 빨라지므로, 장기간 보존할 때는 냉장이나 냉동을 추천한다. 소분해서 밀봉한 채로 냉동하면 1개월 이상 보존할 수 있다. 로스팅한 원두를 살 때는, 보관 상태와 로스팅 날짜 확인에 소홀해서는 안 된다.

3. 적절하게 로스팅한 커피

로스팅의 목적은 생두가 지닌 특성과 개성을 최대한 끌어내는 것이다. 최적의 배전도는 커피콩에 따라 다르다. 기본적으로 약배전부터 강배전까지 한차례 볶고, 향미의 변화를 확인하면 적절한 배전도를 알 수 있다. 자세한 내용은 나중에 배전도 항목에서 다루겠지만, 『커피대전』에 「시스템 커피학」이란 이름의 로스팅 차트를 제시했다. 저지대에서 생산한 부드러운 타입에서 고지대에서 생산한 단단한 타입의 생두까지, 약배전에서 강배전에 이르는 배전도의 적성을 차트로 정리한 것이다. 커피콩마다 어울리는 배전도가 다르며, 어울리지 않은 배전도로 맛있는 커피를 내리기란 지극히 어려운 기술이다. 이 점을 참고해서 적정범위로 로스팅한 커피를 사용해야 한다.

4. 갈아서 바로 내린 커피

커피는 원두 그대로 보관하고, 추출 직전에 가루로 분쇄하는 것이 원칙이다. 커피가 신선하지 않으면 물을 부어도 부풀지 않는다. 가루로 분쇄하면 표면적이 수백 배가 되므로, 공기와의 접촉면이 늘어나 열화나 산화를 멈출 수 없다. 분쇄기가 없는 가정에 가루로 판매할 때도, 밀봉해서 최대 1주일간 냉장 보관할 수 있다고 반드시 알려주어야 한다.
또한, 한번 추출한 커피를 보관하거나 다시 데워서 마시는 일은 반드시 피해야 한다.

즉, 「좋은 커피」란 다음과 같이 정의내릴 수 있다.

> **「결점두를 제거한 양질의 생두를 적절히 로스팅하여,**
>
> **신선할 때 올바르게 추출한 커피.」**

「좋은 커피」가 반드시 모두에게 「맛있는 커피」라고는 할 수 없을지 모르지만, 「나쁜 커피」는 틀림없이 「맛없는 커피」라고 단언할 수 있다.

프로에게 요구되는 것은 같은 맛을 재현하는 솜씨

●

「맛있는 커피」에 도달하기 위해 가장 중요한 요소는 매번 반드시 「스트라이크존」에 들어가는 것이다. 더욱이 프로에게 요구되는 것은, 스트라이크존 안에서도 좀 더 정확하게 「똑같은 맛」이라고 느끼는 범위 안에서 재현해내도록 맛을 컨트롤하는 기술을 연마하는 것이다.

커피맛은 항상 유동적이다. 커피는 농작물이므로 같은 산지의 같은 농장에서 키우고 수확해도 그해의 기후에 큰 영향을 받는다. 또한 정제와 로스팅, 보존 관리, 분쇄 등 어느 과정에서든 공산품처럼 항상 완전히 똑같은 맛을 낼 수는 없다.

그러므로 최종 단계인 추출에서 이제까지의 불균형을 아울러 조절할 수 있게 추출의 구조를 이해하고, 항상 변하지 않는 맛이나 그에 가까운 맛을 재현해내는 것이 필요하다. 「맛의 재현」은 프로에게, 또 최상의 커피를 추구하기 위해 빼놓을 수 없는 기술이며, 이것이 가능해야 프로라고 할 수 있다. 「이곳의 커피가 맛있다는 사실」을 알고 찾아오는 단골손님이 「오늘도 변함없는 맛」이라고 느낄 수 있게, 카페의 기준을 확실히 재현해야 한다.

이제 생두를 들여와서 추출하기까지 카페 바흐의 실제과정에 따라 「맛을 완성하는 프로세스」를 확인해보자.

❶ 생두의 향미 특성(맛)

❷ 생두의 핸드피킹(1번째)

❸ 로스팅

❹ 로스팅한 원두의 핸드피킹(2번째)

❺ 로스팅한 원두의 보존 관리

❻ 블렌딩(스트레이트나 싱글 오리진은 생략)

❼ 그라인딩(분쇄)

❽ 추출

맛을 완성하는 프로세스는 유기적으로 연결되어 있다. 기본적으로 ❸의 로스팅까지 90%의 컨트롤을 마친 상태가 대체로 효율성도 좋고 이상적이다. 하지만, 예를 들어 ❸의 로스팅에서 조금 강하게 로스팅되더라도 ❻의 블렌딩 단계에서 균형을 맞출 수 있고, 스트레이트라면 ❼ 또는 ❽에서 미세하게 조정할 수 있다. 원칙적으로 「상위 프로세스의 실수는 하위 프로세스로 보완할 수밖에 없다.」 다시 말해, 추출은 맛을 미세 조정하는 마지막 기회인 셈이다. 물론 「하위 프로세스만으로 상위 프로세스의 실수를 상쇄할 수 없다」는 원칙도 잊어서는 안 된다. 「추출」로 바로잡으면 된다고 생각하지 않고, 모든 프로세스를 소홀히 하지 않아야 하며, 마지막 미세 조정의 기회에서도 신중하게 컨트롤하여 원하는 맛을 재현해내도록 노력해야 한다.

CHAPTER 01

커피 추출의 구조

기본을 몸에 익히기 위해

추출은 누구라도 가능한 작업이며, 특히 페이퍼 드립은 자유도가 높다.

그만큼 매번 일정하게 안정적인 맛을 재현하기 어렵다는 뜻이다.

먼저 추출의 구조를 이해하고 머릿속에 넣어둔다.

그 다음 그 기술의 기본을 확실히 자기 것으로 만들어 맛의 재현성을 높여야 한다.

이번 챕터에서는 「추출의 구조」와 「기본추출」에 관해 자세히 알아보자.

커피 추출의 구조

극단적으로 말해, 맛을 따지지 않는다면 커피 추출은 누구나 할 수 있으며 그렇게 어려운 일도 아니다. 커피가루와 추출도구만 준비되면, 그 다음에는 뜨거운 물과 컵을 준비하는 것만으로 커피를 내릴 수 있다.

그런데 단골 카페에서 즐겨 마시는 커피와 집에서 내리는 커피가 왜 그렇게 다른지 의아해한 경험이 누구나 있을 것이다. 같은 원두와 같은 도구를 사용해도 자신이 내린 커피와 가족이 내린 커피의 맛이 다를 때도 있다. 심지어 같은 사람이 내린 커피라도 「오늘은 좀 아쉬운데?」, 「이번엔 맛이 좋네」하듯이 맛이 달라지곤 한다. 추출에 관한 깊은 고민 없이는 몇 년 동안 커피를 내려도 추출된 맛은 그때뿐이고 재현성을 높이기는 어렵다.

완전히 똑같은 생두로 시작해도 앞에서 설명한 것처럼 로스팅 차이와 보관 상태 차이, 분쇄방법에 따라 커피맛은 크게 좌우된다. 게다가 스트라이크존에 들어갈 수 있게 손질한 똑같은 원두로 추출했을 때조차 추출조건에 따라 「그럭저럭 마실 만한 커피」에서 「한 잔 더 마시고 싶은 커피」와 「최상의 커피」까지 폭넓은 맛으로 완성된다.

추출은 「커피가루에 뜨거운 물을 부을 뿐인 작업」처럼 보이지만, 그 과정에는 법칙이 있다. 추출할 때, 마이크로의 세계에서는 어떤 일이 벌어질까? 눈으로 직접 확인은 못하지만 드리퍼 안에서 일어나는 현상을 이해하면 추출되는 맛이 달라지는 이유에 대해 힌트를 얻을 수 있다. 먼저 추출의 구조와 그 안에서 벌어지는 현상을 알아보자.

추출이란, 커피콩의 성분을 「뽑아내는 과정」

추출도구 안에서는 물과 분쇄한 커피콩 사이에 매우 복잡한 현상이 일어난다. 그래서 조건이 미묘하게 달라지기만 해도 추출된 커피의 맛은 풍부하게 변화한다. 커피 연구의 일인자이며, 이 책의 과학 감수를 맡은 단베 유키히로는 추출에 관해 다음처럼 설명한다.

"커피콩의 향미성분은 로스팅까지의 과정에서 결정된다. 추출이란, 커피 생두를 로스팅해서 생겨난 성분을 「얼마나 뽑아낼 것인가」 하는 것이며, 그 조절에 따라 맛이 결정된다. 커피에는 다양한 성분이 포함되어 있으며, 친수성이 높아 용해되기 쉬운 성분부터 친유성(소수성)으로 용해되기 어려운 성분까지 존재한다. 그 조건과 시차를 이용해 어떻게 성분을 뽑아내는지를 이해한다면, 추출한 커피의 맛을 컨트롤하는 것도 가능하다."

물론, 로스팅한 원두를 그대로 물이나 뜨거운 물에 담가두면 성분은 좀처럼 녹아 나오지 않는다. 원두를 분쇄해야 비로소 성분이 쉽게 녹아 나온다. 다만 물이나 뜨거운 물에서 쉽게 녹아 나오는 만큼, 공기에 닿는 면도 늘어나 향이 날아가고 산화도 빨라진다. 따라서 추출 직전에 원두를 간 「분쇄

그림 01 │ 커피 추출의 구조

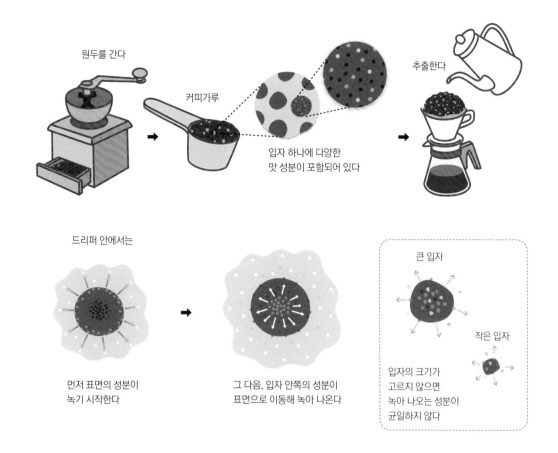

원두를 간다

커피가루

추출한다

입자 하나에 다양한
맛 성분이 포함되어 있다

드리퍼 안에서는

먼저 표면의 성분이
녹기 시작한다

그 다음, 입자 안쪽의 성분이
표면으로 이동해 녹아 나온다

큰 입자

작은 입자

입자의 크기가
고르지 않으면
녹아 나오는 성분이
균일하지 않다

직후」가 「좋은 커피」의 중요한 전제조건이다.

원하는 맛을 끌어내려면,
먼저 입자를 균일하게

커피를 갈 때, 균일한 굵기로 분쇄하는 것도 중요한 포인트이다. 입자의 굵기가 고르지 않으면 녹아 나오는 성분도 일정하지 않기 때문이다. 같은 시간 동안 뜨거운 물에 담가두었을 때를 생각해보면, 큰 입자는 안쪽 성분이 녹아 나오기 어렵지만 작은 입자는 모든 성분이 금세 녹아 나온다. 큰 입자와 작은 입자가 섞여 있으면 원하는 맛을 끌어내기 어려워진다.

그라인더의 구조 등은 〈chap. 2〉에서 자세히 설명하겠지만, 가정용의 간편한 블레이드 그라인더로는 원두를 균일하게 분쇄하기 어렵다. 회전하는 블레이드가 닿기 어려운 곳은 원두가 갈리지 않아 입자가 크며, 닿기 쉬운 곳에서는 충분히 작아진 입자가 더 분쇄되어 미분이 된다. 따라서 미분입자와 아직 어느 정도 크기가 남아 있는 입자가 섞이고 만다. 커피맛을 안정화하고 재현성이 높도록 컨트롤하려면, 입자의 굵기를 되도록 정확히 조정할 수 있는 전용 그라인더를 사용하는 것이 필수조건이다.

현재 가정용 블레이드 그라인더를 사용하고 있다면, 마지막에 차거름망 같은 도구로 걸러서 미분을 제거하고 입자를 어느 정도 고르게 하는 것이 좋다. 그러면 커피를 내렸을 때, 맛의 차이를 실감할 수 있다.

담글 것인가,
통과시킬 것인가,
컨트롤에 적합한 추출은?
●

커피의 추출도구에는 드립식, 사이펀식, 에스프레소, 프레스식, 보일링식(달임식) 등 다양한 종류가 있다. 가열하여 우려내는 방식을 포함해, 원리에 따라 크게 구분하면 두 가지로 나눌 수 있다. 침지식과 투과식(여과식)이다.

침지란 커피를 물에 담그는 것이며, 투과란 커피가루로 층을 만들어 물을 통과시키는 것이다. 어느 쪽이든, 담그고 통과시키는 동안 커피가루의 성분이 물로 이동하여 커피가 된다.

사이펀식, 프레스식, 보일링식 등은 침지식 추출에 가깝고, 드립식과 에스프레소 등은 투과식 추출에 가깝지만, 양쪽 요소를 모두 가진 도구가 많아 무작정 둘로 나눌 수는 없다. 각 도구의 특색에 관해서는 〈chap. 3 다양한 도구를 이용한 추출〉에서 자세히 설명한다.

침지식이든 투과식이든 친수성이 높아 녹아 나오기 쉬운 성분과 친유성(소수성)이 높아 녹아 나오기 어려운 성분은 변하지 않는다. 다만, 각각의 성분이 녹아 나오는 정도는 물온도에 따라 달라진다.

이러한 성질을 이해한 후에 정교하게 추출시간과 온도를 조정하면, 이론상으로 원하는 맛을 추출할 수 있다.

그림 02 | 추출도구의 유형

침지식

보일링식 프레스식 사이펀식

에스프레소 드립식

투과식

침지추출의 구조와
투과추출의 구조
●

침지추출과 투과추출에서 커피가루와 물 사이에 어떤 일이 벌어지는지를 단순화하고 그 원리에 대해 파악하려고 한다. 이는 단베 유키히로의 컴퓨터 해석에 따른 시뮬레이션이다.

침지추출

침지추출에서는 아래 그림처럼 일정량의 커피가루와 물을 한꺼번에 전부 넣는다. 시간이 지나면서 성분이 녹아 나오는 비교적 단순한 원리이다.

다만 가루에 포함된 성분이 서서히 물로 이동하는데(**그림 03** ① 참고), 아무리 오랜 시간이 지나도 가루의 성분이 물로 100% 이동하지는 않는다. 성분은 일시적으로 가루에서 물로 이동할 뿐만 아니라, 한번 물에 녹아 나온 다음 다시 가루로 돌아가기도 하기 때문이다. 가루 속의 성분 농도가 감소하고 물의 농도가 증가하면서, 가루에서 물로 이동하는 속도가 줄어든다(**그림 03** ② 참고). 양쪽의 속도가 균형을 이루면, 겉보기로는 성분이 더 이상 이동하지 않아 평형상태가 된다.

각각의 성분이 이러한 현상을 일으켜서, 전체적으로 「시간 경과에 따라 농도가 진해지면 녹아 나오기 어려운 성분의 비율이 높아진다」는 결론에 이른다.

그림 03 | **침지추출 모델과 추출곡선(컴퓨터 시뮬레이션 결과)**

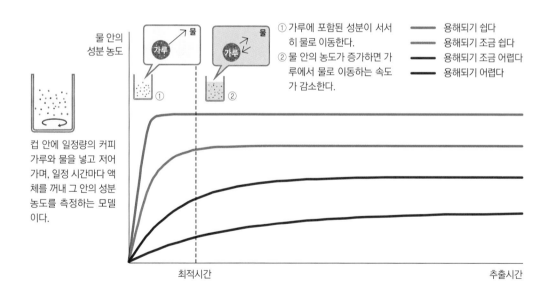

투과추출

투과추출의 원리는 침지추출보다 훨씬 복잡하다. 최대한 단순화하기 위해 드리퍼 등의 추출도구를 원통으로 바꾼 모델을 사용해서 알아보자.

원통 안에 커피가루(이미 물을 흡수한 상태)의 층을 만들고 위에서 물을 조금씩 더한다. 물은 거의 일정한 속도로 가루 틈새를 통과하여 일정 시간이 지나면 원통 아래로 빠져나온다. 그 사이에 가루에서 물로 성분이 추출된다. 이 작업을 여러 차례 반복해 원통 아래에 추출된 커피액을 모은다. 이 모델을 시뮬레이션한 **그림 04**를 자세히 살펴보자. 「두께 5㎝의 가루층을 30초에 걸쳐 물이 통과한다」고 가정하자. 그림처럼 5단으로 나누면, 1㎝씩 나뉜 5단의 가루층을 물이 통과하는 데 각각 6초씩 걸린다. 「각 단에서의 추출은 6초 만에 거의 평형에 이른다」고 가정하고, 각 단에서 성분의 움직임을 알아보자.

그림 04 | 투과추출의 원리

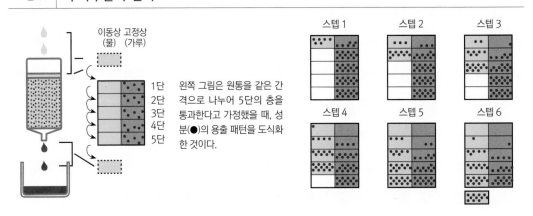

왼쪽 그림은 원통을 같은 간격으로 나누어 5단의 층을 통과한다고 가정했을 때, 성분(●)의 용출 패턴을 도식화한 것이다.

그림 05 | 투과추출 모델과 추출곡선

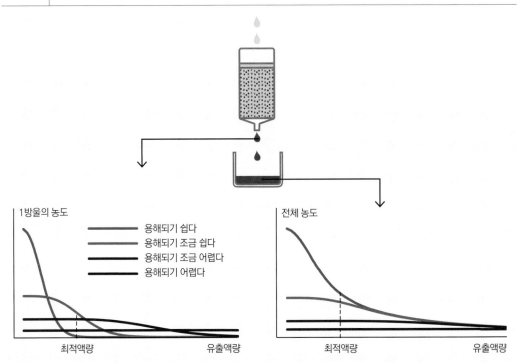

〈스텝 1〉 소량의 물을 더해 추출을 시작하면, 곧 1단이 평형에 도달해 성분이 일정 비율로 가루와 물에 분배된다.

〈스텝 2〉 6초가 지나면 물이 2단으로 이동하는 동시에 1단에 새로운 물이 더해지며, 각 단에서 분배가 일어난다. 그때 1단에서는 스텝 1의 가루에 남은 성분이, 2단에서는 스텝 1의 1단에서 물로 이동한 성분과 2단의 가루가 처음부터 포함하고 있던 성분의 합이 각각 일정 비율로 가루와 물에 분배된다.

〈스텝 3 이후〉 다시 6초 후에 물이 다음 단으로 이동하는 과정을 반복하며, 마지막 5단을 지나 원통 아래로 흘러나온다.

이 모델을 시뮬레이션하면 **그림 05**의 왼쪽 그래프처럼 「처음에 나온 액체방울 안에는 성분이 고농도로 농축되어 있으며, 한동안 거의 일정한 농도로 추출되다가 성분이 줄어들고, 마지막에는 전부 빠져나온다」는 사실을 알 수 있다.

또한 용해되기 쉬운 성분은 금세 빠져나오지만, 용해되기 어려운 성분은 저농도 상태로 계속 추출되기 때문에, 추출액 전체로 보면 **그림 05**의 오른쪽 그래프처럼 「처음에는 농축액이 추출되고, 유출량이 많아지면서 농도가 옅어지는 동시에 용해되기 어려운 성분의 비율이 높아진다」는 사실을 알 수 있다. 실제로 드리퍼 안의 가루층은 **그림 04**처럼 5층으로 균일하게 나뉘지 않으며, 물을 부으면 형태가 달라지므로 더욱 복잡해진다. 하지만 대략적인 패턴을 이미지화하는 데는 이처럼 단순화한 모델이 유용하다.

추출과 맛의 관계, 어떤 맛을 뽑아낼 것인가
●

커피 추출에 관해서는 수많은 책이 출간되어 있다. 커피에 관한 책의 80%는 추출에 관해 다루고 있다. 그중에는 침지식으로 「너무 오래 추출하면 잡미가 생긴다」든가, 투과식에서는 「맛있는 성분이 먼저 나온 후에 잡미가 흘러나온다」든가 하는 설명이 일반적이다. 추출 후반에 잡미가 빠져나오므로 적절한 타이밍에 추출을 마치는 것이 포인트라고 제시하고 있다. 「카페 바흐」의 풍부한 경험에 비추어 봐도 그 내용은 공감하는 부분이다.

분명, 모델 시뮬레이션에서도 어느 시점을 지나면 물에 용해되기 어려운 성분의 비율이 높아진다는 점을 확인할 수 있다. 따라서 물에 용해되기 어려운 성분 중에는 「맛없는」 성분이 포함될 것이다.

하지만 커피의 맛은 그 안에 포함된 다양한 성분이 복잡하게 얽혀서 지각된다. 각각의 맛이 서로 상쇄되어 표현되는 맛도 있다. 대표적인 커피맛성분으로는 신맛, 깔끔한 쓴맛, 깊이 있는 쓴맛, 날카로운 쓴맛, 불쾌한 탄맛, 떫은맛, 단맛 등이 있다. 각각 맛의 관계성에 관해서는 chap. 2의 맛을 컨트롤하는 법에서 자세히 설명하겠지만, 무작정 「물에 녹기 어려운 성분」＝「맛없다」라고 단정할 수는 없다.

"물에 용해되기 쉬운 성분인 신맛 중에도 아주 시큼한 유기산이나 떫고 시큼한 카페산(caffeic acid) 등 맛없는 친수성 성분이 존재하며, 용해되기 어려운 친유성 성분에도 맛있는 성분이 존재한다. 하지만 「불쾌한 탄맛」이라 불리는 친유성이 높고 쓰며 떫은맛을 가장 강렬하게 맛없다고 느끼므로, 이러한 요

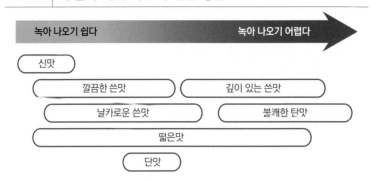

그림 06 | 추출과 녹아 나오기 쉬운 성분

녹아 나오기 쉽다　　　　　　　　녹아 나오기 어렵다

신맛

깔끔한 쓴맛　　　깊이 있는 쓴맛

날카로운 쓴맛　　　불쾌한 탄맛

떫은맛

단맛

「맛있는 성분은 녹아 나오기 쉽다」는 말이 반드시 옳은 것은 아니다.

소가 빠져나오지 않게 적절한 시간 안에 추출을 마치는 것이 포인트"라고 단베 유키히로는 설명한다. 이 책의 목적은 설정한 조건에 따라 맛이 어떻게 변화하는지 이론적으로 고찰하고, 실제 추출로 확인하는 것이다. 침지추출과 투과추출의 시뮬레이션에서도 알 수 있듯이, 침지추출은 맛의 변화가 적고 맛이 일정하다. 반대로 말하면, 컨트롤할 수 있는 폭이 한정된다는 뜻이다. 맛을 세심하게 컨트롤하고 싶다면 투과추출이 적합하다. 커피의 다양한 맛성분을 어떻게 끌어내서 맛을 결정할지, 그 프로세스를 즐기는 것도 투과식 추출의 묘미이다. 추출 조건에 변화를 줄 수 있는 페이퍼 드립은 폭넓은 맛을 뽑아내는 도구인 셈이다. 맛의 컨트롤 법칙을 명확히 하려면, 조건이 일정한 기본추출부터 시작해야 한다.

「카페 바흐」가 페이퍼 드립을 선택한 이유
●

커피 추출의 구조는 매우 이론적이다. 그 이론을 이해하고 재현할 수 있다면 누구나 할 수 있는 작업이며, 일부 사람에게만 허락된 마법과 같은 것이 아니다. 우선은 기본추출을 확실히 자신의 것으로 만들어야 한다.

어려워야 좋고 값진 것이라고 믿는 숙련된 기술자일수록, 그 비법을 후계자에게 쉽게 알려주지 않는다. 하지만 우리는 그렇게 생각하지 않는다. 더 많은 사람에게 커피의 즐거움을 전하고, 커피를 맛보게 하는 것이 우리의 본래 바람이다. 「카페 바흐」가 50년 전부터 오로지 페이퍼 드립만으로 추출해온 것도 그러한 이유에서다.

페이퍼 드립은 추출도구를 저렴하게 마련할 수 있고, 간단한 설명서를 읽으면 누구라도 쉽게 커피를 추출할 수 있다. 이러한 추출도구가 각 가정에 있다면 가정으로의 보급과 원두의 포장판매도 충분히 기대할 수 있다.

게다가 더 멋진 점은 초심자부터 상급자까지 완전히 똑같은 도구를 이용해 커피를 추출한다는 것이다. 조건을 다양하게 바꿔가며 가볍게 마시는 커피에서 궁극의 맛을 지닌 커피까지 추출할 수 있는 놀라운 물건인 셈이다.

추출이 끝나면 종이필터째로 쓰레기통에 버리면 그만이다. 융을 세탁하는 수고도 들지 않고, 가게나 가정의 배관이 커피 미분으로 막힐 걱정도 없다. 다른 추출도구보다 손질도 간단하다. 그래서 일상에서 즐겨 사용할 수 있으며, 더 맛있는 커피를 내리고 싶은 의욕도 생긴다.

「카페 바흐」의 카운터에서 추출하기까지
●

이제 「카페 바흐」의 카운터에서 추출하기까지의 과정을 아주 조금만 알려주려고 한다. 사실, 모두가 상상하는 만큼의 시간은 걸리지 않는다. 기본추출과 맛의 컨트롤 법칙을 확실히 익히고 손님맞이의 기본을 마스터하면, 빠르면 6개월 만에 카운터에 설 수 있다. 자질과 태도, 가치관이나 사람을 대하는 능력 등의 요인도 있지만, 무엇보다 추출의 구조와 법칙을 이해했을 때 대부분의 스태프들이 그 기간 안에 「카페 바흐」의 기준 이상으로 퀄리티 있는 커피를 추출할 수 있게 되었다.

처음에는 단순 작업부터 시작한다. 물건의 위치를 바꾸고 종이를 접는 등 질적인 변화가 요구되지 않는 일로, 누가 하더라도 같은 결과가 나오는 작업부터 배운다. 물건의 사용법을 몸에 익힌다고 봐도 좋다.

아침이라면 영업을 시작하기 위한 준비를 한다. 물을 끓이고, 선배가 커피를 내리는 데 필요한 물품을 준비한다. 이 준비를 위해서는, 무엇이 필요한지 이해하고 한발 먼저 움직여야 한다.

여기까지 가능해지면, 어떤 배려가 필요하고 지금 무엇을 하면 순조롭게 진행될지 판단할 수 있다.

그러면 판단과 지혜가 필요한 작업을 서서히 늘려간다. 행주 한 장을 짜더라도 물기를 얼마만큼 남기고, 어느 타이밍에 사용할지를 생각하는 섬세한 마음가짐이 필요하다.

호수 위를 헤엄치는 백조는 수면 아래에서 아무리 발을 허우적대도 그 모습을 느낄 수 없는 우아함을 지녔다. 작은 일이라도 뒤에서 노력을 아끼지 않으며, 손님이 알아차리는 일 없이 가게 전체가 편안한 공간이 되도록 정성을 다한다.

그리고 마지막으로 손님을 맞이한다. 먼저 스태프들을 위해 개점 전에 커피를 내린다. 선배도 마시고 물론, 나 역시 맛을 본다. 부담스러운 카운터 앞에 서기 전, 자신 있게 커피를 내놓을 수 있도록 경험을 쌓는 것이다. 매장에서는 주문을 받고, 단골손님이 주문하는 메뉴와 취향, 서비스의 타이밍을 배운다. 가게 앞을 쓱 지나가기만 해도 「저 손님은 담배를 사러 갔다가 커피를 마시러 오니 슬슬 원두를 갈아야겠다」고 판단할 수 있다.

카운터에 설 무렵에는 20종류 이상의 커피 메뉴를 틀리지 않고 추출하게 된다. 그렇게 되기까지 준비와 손님맞이를 하며 기른 마음가짐이, 커피를 추출할 때도 우러나기 마련이다. 커피를 대하는 자세와 미래를 향한 희망이 한 사람 한 사람의 마음속에 단단한 기둥으로 자리잡는다. 그렇게 카운터에 서서 단골손님과 소통하며 각자 성장해가는 것이다.

페이퍼 드립 추출의 준비

페이퍼 드립의 기본추출에 있어 그 준비에서 실제 추출까지의 과정을 살펴보자.

여기에서는 기본적으로 「카페 바흐」에서 사용하는 도구와, 「기페 바흐」의 기본적인 맛인 중강배전 바흐 블렌드를 사용한다.

페이퍼 드립에
필요한 도구와 준비
●

페이퍼 드립 추출을 위해 먼저 갖춰야 할 도구를 확인한다. 아래 사진의 커피포트, 온도계, 계량스푼, 드리퍼, 서버, 종이필터를 준비한다. 그리고 적절하게 로스팅된 신선한 커피콩을 추출 직

전에 균일하게 갈고 물을 끓이면 준비가 끝난다.

각각의 도구는 기본추출뿐 아니라, 맛을 조절할 때도 조건을 맞추고 미세하게 조정하기 위해 빼놓을 수 없다. 도구 하나하나를 놓고 추출에서의 역할과 특징, 선택 방법과 올바른 손질 및 관리 방법 등에 관해 설명한다.

7 종이필터

3 커피콩

5 드리퍼

4 계량스푼

1 커피포트

6 서버

2 온도계

1. 커피포트

드립 전용의 커피포트는 온도를 조정하고, 물의 양과 속도를 컨트롤하면서 물을 붓기 위한 중요한 도구이다. 불로 직접 가열하지 않고 주전자 등으로 끓인 물을 부어서 사용한다. 온도를 일정하게 유지하는 보온식 커피포트도 있다.

커피포트를 고를 때는 디자인보다 사용하기 편한 것이 우선이고, 실제로 물을 부어서 사용해보는 것이 좋다. 손잡이의 형태가 손에 맞는지, 배출구의 모양은 어떤지, 뜨거운 물을 넣었을 때 한 손으로 들 수 있는지 등을 확인한다. 배출구가 균일하게 좁은 것은 물줄기를 가늘게 붓기 쉽지만, 많은 양을 추출할 때는 사용하기 불편하다. 배출구 아랫부분이 넓고 끝으로 갈수록 좁아지면() 나오는 물의 굵기를 자유자재로 컨트롤할 수 있다.

2. 온도계

갓 끓인 물을 커피포트에 옮겨 담고 온도를 조금 낮춰서 적당히 드립하는 사람도 있을지 모르지만, 물을 옮겼을 때의 온도는 실온과 커피포트의 온도에 따라 상당히 달라진다는 사실을 잊어서는 안 된다. 이제부터 맛의 컨트롤을 터득하고 싶다면 온도계는 필수이다.

「카페 바흐」의 기본추출온도는 82~83℃이다. 원하는 온도로 맞추려면, 커피포트의 뜨거운 물을 뒤섞어서 위아래 온도를 균일하게 맞춘 다음 온도를 측정해야 한다. 온도계와 세트로 기다란 티스푼 등을 사용하면 물이 잘 뒤섞여 온도가 균일해진다. 디지털도 좋지만 익숙해지면 아날로그식이 온도를 조절할 때 온도변화를 예측하기 쉽다.

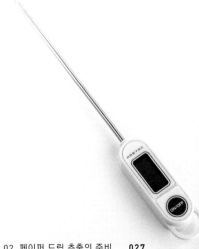

3. 커피콩

적정 배전도로 로스팅한 신선한 원두를 균일한 굵기(입자)로 갈아서 사용한다. 기본추출에서 사용하는 바흐 블렌드는 조금 강하게 볶은 중강배전이다. 중강배전은 중간 굵기로 갈아야 커피 본연의 맛을 끌어내기 쉽고 잘 어울린다(**3-1**의 원두, **3-2**의 굵기는 실물 크기).

보관할 때는 원두 그대로 밀폐용기에 넣어야 한다. 로스팅 직후부터 상온에서 2주, 원두를 사서 가정에서 보관할 때는 냉장고에서 1주, 소분해서 냉동하면 약 1개월 안에 다 사용하는 것이 좋다. 추출 전에는 반드시 실온으로 되돌린 후에 사용해야 한다. 그대로 사용하면 물온도가 내려가 맛에 영향을 준다.

4. 계량스푼

계량스푼은 드리퍼와 세트로 구성되어 있을 때가 많다. 기본적으로 1컵 분량이 가루로 1인분이라고 하는데, 제품에 따라 모양과 1컵의 용량이 조금씩 다르다(드리퍼에 따라 1인분의 정해진 양이 다르다). 계량스푼은 사용 전에 평평하게 깎아 담은 1컵의 무게를 재서 반드시 확인해두어야 한다.

〈chap. 2〉에서 커피맛을 컨트롤할 때, 가루의 분량이 조금만 달라져도 맛에 영향을 끼친다. 볶는 정도가 다르면 같은 부피라도 그 무게가 달라진다는 사실 또한 잊어서는 안 된다. 약배전일 때는 밀도가 높아서 조금 무겁다. 강배전일 때는 원두가 팽창해서 밀도가 낮아지므로 조금 가벼워진다. 어느 쪽이든 다른 원두가루의 분량을 측정할 때는 확인이 필요하다.

5. 드리퍼

페이퍼 드립의 드리퍼는 사다리꼴과 원추형이 있다. 사다리꼴에는 구멍(추출구)이 1~3개까지 있으며, 한 번에 물을 붓는 타입과 여러 번에 걸쳐 물을 붓는 타입으로 나뉜다. 제조사에 따라「리브 (rib)」라 불리는 돌기의 높이와 모양 등에도 특징이 있다. 기본적으로 페이퍼 드립은 투과식으로 커피가루의 층이 여과층이 되지만, 침지식에 가까운 드리퍼도 있다.

재질은 도기, 폴리카보네이트, 플라스틱 등이 있으며, 도기 제품이 내구성이 좋다.

이 책의 기본추출에서는「카페 바흐」가 산요산업과 공동개발한 드리퍼「스리 포(Three For)」 (**5-2**, **5-3**)를 사용한다.

6. 서버

서버는 드립한 커피를 받아야 하므로 커피의 색과 양을 확인할 수 있는 유리 제품이 주를 이룬다. 서버에 눈금이 있을 때는 눈금을 기준으로 용량을 확인한다. 눈금이 없을 때는 드립 저울(**6-2**)로 추출량을 재면서 추출하는 방법도 있다.

드리퍼의 크기와 균형이 맞는지 보고, 드리퍼를 올렸을 때 안정적인 것, 다루기 쉽고 튼튼한 것이 좋으며, 서버를 직접 가열하진 않지만 내열유리 제품을 선택하는 편이 좋다.

3-1　　3-2　　3-3　　4

5-1　6-1

5-2　5-3　　6-2

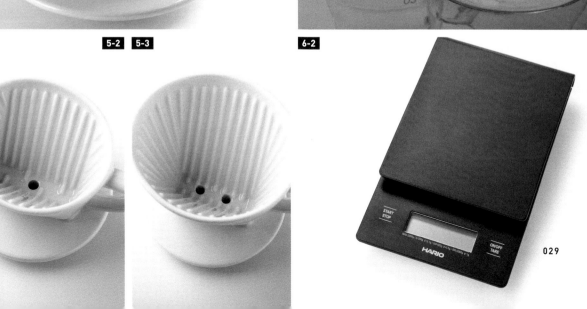

029

7. 종이필터

종이필터는 드리퍼에 맞춰서 반드시 전용제품을 사용해야 한다.
드리퍼는 제조사에 따라 모양과 크기가 미묘하게 달라서 잘 맞지
않을 때가 있기 때문이다. 기본적으로 어떤 제품이든지 드리퍼의
형태에 맞춰 적정 추출이 이루어지도록 재질과 직조방법이 개발
된다. 드리퍼 제조사에서 판매하는 종이필터를 사용하는 것이 가
장 좋은 선택이다. 다른 제조사의 필터로는 그 드리퍼의 특성을
충분히 끌어내지 못할 때도 있다.

또한, 종이색은 약 25년 전에 일부 제조사에서 염소 표백을 했다
는 기사가 나와서, 표백한 것(백색)보다 무표백(황색) 제품을 사
용하는 편이 환경이나 건강에도 좋다고 하던 시기가 있었다. 하
지만 지금은 어디에서나 산소표백을 하고 있다. "무표백은 표백
공정이 없기 때문에, 펄프냄새를 제거하기 위해 보통의 2배나 되
는 펄프섬유의 세정작업을 거쳐야 한다. 또한, 이물질 제거와 기
계관리에도 손이 가서 원가가 상승하므로 가격이 비싸진다"(산요
산업)고 하므로, 무표백이 환경에 이로운지는 판단하기 어려운
문제다.

각각의 종이필터마다 섬유의 크기와 직조방법에 관한 연구가 이
루어지고 있으며,「크레이프 가공」이라 불리는 표면의 요철과 섬
유의 굵기 등에 따라 완전히 같은 조건에서 추출해도 투과속도에
차이가 난다. **7-2** 로는 알아보기 어렵지만, 실제로 만져보면 양
면에 요철이 확실히 느껴지는 것과 한쪽 면에만 요철이 있는 것,
양면 모두 매끈한 것 등 종류가 다양하다. 또한, 미세한 구멍이
있는 필터도 있다(p.90 참고). 무작정 어떤 타입이 좋다고 보는
것보다, 각각의 드리퍼와 어울리고 부족한 기능을 보완하는 의미
를 지닌다고 보는 것이 맞다.

7-1

7-2

종이필터의 표면
종이필터는 제조사에 따라 섬유의 크
기와 직조방법이 다르다. 드리퍼의 성
질에 맞춰 투과속도를 조절하는 요인
의 하나이므로, 세트로 사용하는 것이
바람직하다.

종이필터 접는 법(사다리꼴)

1 옆면의 시접을 접는다.

2 옆면과 엇갈리게 밑면의 시접을 접는다.

3 엄지와 검지로 밑면의 모서리를 누른다.

4 똑같이 다른 한쪽의 모서리를 누른다.

5 종이의 안쪽에 손가락을 넣어 모양을 잡는다.

6 드리퍼의 모양에 맞춰 세팅한다.

8. 자세

물을 부을 때는 팔의 위치가 흔들리지 않게 손목과 팔꿈치, 겨드랑이를 고정한 채로 왼손(왼손잡이는 오른손)은 허리에 얹고, 상반신은 정면을 향해 안정적인 자세를 취한다(**8-1**). 오른쪽 다리를 한 발 앞으로, 왼쪽 다리는 뒤로 살짝 빼고 서며, 물을 부을 때는 「나선」을 그리듯이, 팔만 움직이는 게 아니라 몸 전체의 중심을 이동해 가며 물을 부어야 드리퍼에 붓는 물의 양과 속도가 안정적이고, 미묘한 물의 양을 컨트롤하기 쉬워진다(**8-2**). 드립할 때, 도구와 식기에 물기가 남아 있으면 커피 본연의 맛을 해치게 된다. 모든 과정의 기본으로서, 씻은 후에는 깨끗한 행주로 물기를 바로 닦아내는 습관을 철저히 들여야 한다. 행주의 가장자리로 도구를 잡고 안쪽을 닦으면 지문이 남지 않는다. 용도별로 행주의 색을 다르게 구분해도 좋다.

8-1

8-2

페이퍼 드립의 기본추출

이번 항목에서는 페이퍼 드립 추출에 관해 설명한다. 안정적으로 추출하기 쉬운 2인분 추출로 모두 통일한다.

사용 도구

- 드리퍼_ 스리 포(Three For) 102
- 종이필터_ 스리 포 종이필터 102
* 산요산업(종이필터와 드리퍼 등을 개발·제조하는 일본의 커
 피용품 업체)의 스리 포 101은 구멍이 1개이며, 102는 구멍
 이 2개이다. 투과속도를 조절하기 위해 리브가 높으며, 드리
 퍼 바닥의 돌출부(사진은 101)가 흡인력을 높여준다.

추출 조건

- 커피가루_ 카페 바흐 블렌드
- 배전도_ 조금 강하게 볶은 중강배전
- 가루의 굵기_ 중간 굵기
- 가루의 분량_ 2인분 24g
- 물온도_ 82~83℃

추출을 시작하기 전에

1 추출에 필요한 도구를 준비했다면, 실온으로 식힌 원
 두를 분쇄한다.
2 종이필터를 접어서 드리퍼에 세팅한다. 드리퍼에 커
 피가루를 정확히 계량해서 넣는다.
3 물을 끓이고, 안정적으로 붓기 위해 커피포트의 80%
 까지 뜨거운 물을 넣는다. 온도를 안정화하기 전에 서
 버와 커피잔에 포트의 물을 부어 따뜻하게 데워두면,
 포트 배출구의 온도도 적당해진다.
4 물온도가 82~83℃일 때, 추출을 시작한다.

유량의 컨트롤

기본추출에서 확실히 익혀야 할 것은 유량을 컨트롤하는 방법이다. 커피포트에서 나오는 물줄기의
굵기를 일정하게 유지하고, 그 굵기를 자유롭게 조정할 수 있어야 한다. 그러기 위해서는 불확실한
요소를 되도록 줄여야 한다. 예를 들어, 1인분을 추출하더라도 커피포트에 반드시 80%까지 물을 채
우는 것 또한 그런 이유에서다. 물의 양이 너무 적으면 포트의 기울기가 커져서 포트를 잡는 손의 위
치도 불안정해진다(그림 **07-01**, **07-02**).

뜨거운 물은 커피 표면의 3~4㎝ 위에서 수직으로 떨어트리고, 물줄기의 굵기는 2~3㎜가 이상적이다.
처음에는 가는 물줄기로 천천히 붓다가, 추출 후반으로 갈수록 물줄기를 서서히 굵게 한다(그림 **08**, **09**).

추출 시 물의 흐름

커피를 추출할 때 드리퍼 안의 물은 어떻게 흐를까? 드리퍼의 단면도와 위에서 내려다본 모습으로
확인해보자(그림 **10**, **11**). 물의 흐름과 공기의 흐름을 머릿속으로 떠올리며 추출하다 보면, 종이에
직접 물을 부어서는 안 되는 이유도 잘 이해할 수 있을 것이다(p.37 **그림 12**, **13**).

| 그림 07-01 | 물의 양이 적을 때 | 그림 07-02 | 물의 양은 포트의 80%까지 |

포트 손잡이를 잡는 손의 위치는 물의 잔량에 따라 달라져야 한다. 기울이는 각도가 작을수록 안정적으로 물을 부을 수 있으므로, 물의 양은 포트의 80% 정도가 좋다.

| 그림 08 | 물줄기의 각도와 높이 | 그림 09 | 흐트러지는 물줄기 |

커피가루 표면 위 3~4㎝에서 수직으로 떨어지도록 포트의 물을 붓는다.

3~4cm
90°

공기가 섞여서 물줄기가 흐트러지기 전의 일정한 굵기로 드리퍼에 물을 붓는다.

| 그림 10 | 「나선」을 그리듯이 | 그림 11 | 추출 시 드리퍼의 단면 |

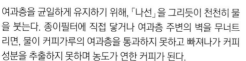

여과층을 균일하게 유지하기 위해, 「나선」을 그리듯이 천천히 물을 붓는다. 종이필터에 직접 닿거나 여과층 주변의 벽을 무너트리면, 물이 커피가루의 여과층을 통과하지 못하고 빠져나가 커피성분을 추출하지 못하며 농도가 연한 커피가 된다.

물은 부은 곳에서 원심형으로 서서히 퍼져나간다. 처음에 「뜸」을 들여, 가루 전체에 물이 스며들어서 가루가 팽창하고 두께가 있는 여과층이 형성되면 커피성분이 빠져나오기 쉬워진다.

커피 추출과정

1차 추출

드리퍼에 커피가루를 넣고, 드리퍼를 가볍게
흔들어서(가루가 너무 쌓이지 않도록) 표면을 평
평하게 한다.

가루 표면의 3~4㎝ 위에서 소량의 물을 가늘게
짜내듯이 일정하게 「나선」을 그리면서 천천히
붓는다. 가루 위에 살짝 얹는다는 느낌으로 가
루 전체에 물이 스며들게 한다. 이때 종이필터
에 직접 물이 닿지 않도록 주의한다.

커피가루 전체에 물이 스며들면 표면이 햄버거빵처럼 부풀어오른다. 이 상태를「뜸들이기」라고 한다.

그대로 30초 동안 뜸을 들인다. 1차 추출이 끝나고 서버에 떨어진 커피액은 몇 방울이거나 많아도 바닥을 살짝 덮을 정도여야 한다.

2차 추출

뜸들이기가 끝나면 2차 추출의 물붓기를 시작한다. 물이 가루 전체에 퍼질 수 있게「나선」을 그리듯이 물을 붓는다. 햄버거빵처럼 부풀어오른 여과층의 벽을 무너트리지 않도록 주의한다. 신선한 커피가루일수록 매끄러운 거품이 생기며 봉긋하게 부풀어오른다. 원두가 오래됐거나 물온도가 너무 낮으면, 부풀지 않고 푹 꺼지기도 한다. 아주 약하게 로스팅했을 때도 거품이 잘 생기지 않는다.

3차 추출 이후

3차 추출 이후의 물붓기는 가루 표면의 중심 부가 조금 꺼지고, 물이 다 빠지기 전에 하는 것이 원칙이다. 물이 한번 빠져버리면 여과층을 복원하기 어려워진다. 커피성분은 대부분 3차까지의 물붓기로 추출된다. 3차 추출 이후의 물붓기는 농도와 추출량의 조정인 셈이다. 4차 이후의 물붓기는 물줄기를 조금 굵게 해서 신속하게 진행한다. 규정된 물의 양인 서버의 300㎖ 눈금에 도달했다면, 물이 떨어지기 전에 재빨리 드리퍼를 치운다.

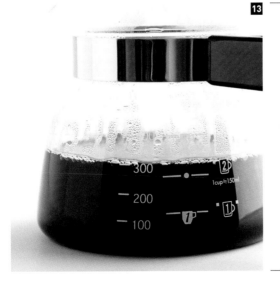

추출 포인트

1. 신선한 커피를 사용한다.
2. 커피는 적정 굵기로 균일하게 분쇄한다.
3. 물은 적정온도를 유지한다.
4. 충분히 뜸을 들여서 여과층을 만든다.
5. 가루의 가장자리에는 물을 붓지 않는다.
6. 추출 후반은 신속하게 진행한다.

추출 실패의 원인과 개선

추출 포인트를 놓치면 주출 실패로 이어진다.

예를 들어, 신선도가 떨어진 커피로는 가루가 부풀지 않아 충분히 뜸을 들일 수 없다. 가루가 너무 거칠면 물이 빠르게 떨어지고, 너무 고우면 막힘 현상이 일어나 과다추출, 즉 떫은맛이 강해진다. 굵기가 균일하지 않으면 맛의 성분도 일정하지 않아서 원하는 맛을 추출하기 어려워진다. 물온도는 컨트롤하면서도 세심하게 확인하는데, 대충이 아니라 정확하게 측정하는 것이 성공 포인트다. 특히 여과층을 유지하는 것이 중요하며, 성분이 충분히 추출되지 않은 상태에서 물이 떨어지면 맛이 싱거운 커피가 된다. 추출 후반에는 나머지 성분의 비율이 높아지므로, 신속하게 진행해서 나머지 성분이 추출되지 않게 한다.

가장자리에 물을 부으면 여과층이 무너져서 적절한 추출이 이루어지지 않는다.

뜸들이기 실패 사례 ① 함몰

가운데 부분이 꺼져 부풀지 않을 때는 먼저 원두의 신선도가 떨어졌는지 생각해본다. 또한, 신선하더라도 물온도가 너무 낮으면 똑같은 현상이 일어난다. 겨울에는 실온이 낮으므로 드리퍼에도 따뜻한 물을 부어 데우고, 물기를 충분히 닦아낸 후 사용한다.

뜸들이기 실패 사례 ② 증기의 분출

뜸을 들일 때, 구멍이 퐁퐁 생기면서 증기가 새어 나와 균열이 생기기도 한다. 원두를 갓 볶아 탄산가스가 많거나, 가루가 너무 곱고 미분이 많을 때, 물온도가 너무 높을 때는 공기를 순조롭게 배출하지 못한다. 충분히 뜸이 들지 않아 맛이 제대로 우러나지 않는다.

그림 12	실패 원인

그림 13	리브의 역할

종이필터와 드리퍼가 밀착되면 공기가 빠져나가지 못하며, 빠져나갈 공간이 없는 공기가 가루 표면으로 분출된다.

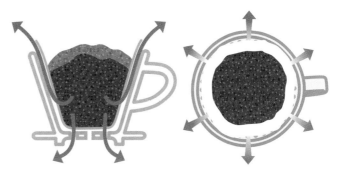

드리퍼 안쪽의 리브가 드리퍼와 종이필터 사이로 공기가 빠져나가는 길을 만들어 공기가 사방으로 빠져나가며, 햄버거빵처럼 표면이 유지되어 충분히 뜸이 든다.

CHAPTER 02

맛을 결정하는 법칙

6가지 요소를 이용해 자유자재로 컨트롤한다

추출로 원두의 매력을 최대한 끌어내기 위해 알아야 할 6가지 요소가 있다.

이들 요소가 맛을 어떻게 결정하는지 그 법칙을 알면,

맛의 컨트롤은 의도한 대로 이루어진다.

6가지 요소를 능숙하게 다루면 원두의 불균형을 조정할 수 있으며,

독창성 있는 맛을 뽑아낼 수 있다.

이번 챕터에서는 「맛을 결정하는 6가지 요소와 그 법칙」을 마스터한다.

커피에서 추출되는 맛의 성분

추출의 기본을 익혔다면, 다음에는 조건을 바꿔서 맛을 자유롭게 컨트롤해보자. 기본추출의 포인트였던 요소를 미세 조정하면, 추출의 구조를 이용해 원하는 맛을 끌어낼 수 있다. 맛의 컨트롤은 수년간 경험을 쌓은 사람이나 숙련된 기술을 터득한 사람만 가능한 것이 아니며, 각 요소의 구조를 이해한다면 누구라도 할 수 있다.

〈chap. 1〉에서 소개한 「카페 바흐」의 기본추출도 모든 커피 중에서 최고의 맛이라고는 할 수 없다. 다양한 조건 중에서 가장 카페 바흐다운 맛으로 컨트롤하기 위한 조건을 독자적으로 고안한 것이다. 이번 챕터의 목적은 커피의 맛을 컨트롤하기 위한 「6가지 요소」와 각 요소에 대한 명확한 법칙을 세워서, 맛에 어떤 변화가 일어나는지 하나하나 들여다보는 것이다. 그리고 이러한 요소의 성질을 이용하여 조합하거나 자유롭게 다루어서 독창성 있는 맛을 뽑아낼 수 있다.

원하는 맛에 도달했을 때 각각의 요소가 어떤 조건이었는지 기록해두면 재현성은 한없이 높아진다.

커피에서 추출되는 맛성분과 실제 미각에 대해
●

원하는 맛을 추출하려면 먼저 커피맛에 어떤 종류가 있는지 알아야 한다. 〈chap. 1(p.23)〉에서도 간단하게 설명했지만, 커피맛의 대표적인 요소로는 신맛, 깔끔한 쓴맛, 깊이 있는 쓴맛, 날카로운 쓴맛, 불쾌한 탄맛, 떫은맛, 단맛 등이 있다.

맛의 취향에는 물론 개인차가 있지만, 많은 일본인이 「마일드한 맛」과 「감칠맛」을 좋아하는 경향이 있다. 일본인뿐 아니라 한국, 대만, 중국, 태국 등 아시아권에서는 취향이 비슷하다. 「미국은 향을 중시」하고 「일본은 맛을 중시」한다고 할 정도로, 순하고 부드러운 맛은 커피뿐 아니라 차 같은 음료나 식사에서도 아시안 테이스트(Asian taste)로 불리며 친숙하다. 일식과 함께 맛국물이 세계적인 주목을 받아 「감칠맛(우마미)」은 세계 공통의 맛의 기준이 되고 있다.

물론 커피에 감칠맛성분이 들어 있진 않지만, 「바디」는 감칠맛에 가까운 맛을 연출한다. 단조로운 맛이 아닌, 여러 가지 복잡한 맛이 하모니를 이루어 심오함이 느껴지는 「바디」는 좋은 커피맛을 좌우하는 중요한 요소이다.

쓴맛과 신맛은 본능적으로 경계하는 맛
●

미각에는 「단맛」, 「신맛」, 「짠맛」, 「쓴맛」, 「감칠맛」 등 5가지의 맛이 있다. 우리 혀에는 각각의 맛에 반응하는 수용기가 있어 맛을 감지한다. 추가로 떫은맛과 매운맛은 혀 이외의 부분에서 느끼는 통각과 온도감각으로, 좁은 의미에서는 미각과 다르다.

온도에 따라서도 맛을 느끼는 방식은 달라진다.

인간이 세상에 태어나 가장 먼저 입에 대는 것은 모유나 우유이다. 그 안에 포함된 맛은 「단맛」과

「감칠맛」이며, 여기에 「짠맛」을 포함한 3가지 맛은 안전하고 몸에 필요한 것이라는 인식을 태어나면서부터 갖게 된다. 그에 비해 「신맛」과 「쓴맛」은 경계해야 할, 위험한 것으로 인식한다.

어린 시절에 쓴맛이 나는 채소를 먹으면 얼굴을 찌푸리며 무심코 뱉어버리는 것은, 좋고 싫고를 떠나서 몸에 좋지 않다고 인식하기 때문이다. 신맛이 나는 레몬이나 매실절임을 먹을 때 침이 나오는 것은, 산성이 강해진 입안의 pH 수치를 중화하기 위해서다. 이러한 반응은 인간 본능으로서 자연스러운 반응이다.

그렇게 성장하면서 미각 경험도 쌓고 안전성도 확인하며, 더 많은 자극을 찾아 다양한 맛에 친숙해지게 된다. 커피의 대표적인 맛은 인간 본능에서 보면 가장 경계해야 하는 「쓴맛」이라고 봐도 좋다. 하지만, 커피의 「쓴맛」에는 「부드러운」, 「개운한」, 「깊이 있는」 등의 여러 가지 긍정적인 형용사가 붙는다. 실제로 커피를 그다지 즐기지 않았던 사람이 커피를 마시게 되면서 「쓴맛」이 강한 강배전의 커피를 좋아하게 되는 경우도 자주 있다.

커피의
주요 성분은
카페인일까?
●

커피의 쓴맛이라고 하면 무엇을 떠올릴까? 많은 사람이 「카페인」이라고 대답할지 모른다. 알려진 것처럼 카페인은 커피 외에도 차, 초콜릿, 과라나(Guarana) 등에 포함된 각성작용을 일으키는 성분이다.

카페인에 쓴맛이 있긴 하지만, 커피의 쓴맛은 카페인만으로 결정되지 않는다.

"처음에 커피의 쓴맛은 카페인 때문이라고 믿었다. 하지만 로스팅을 할수록 쓴맛은 강해지는데, 카페인의 양은 변하지 않았다. 그 때문에 커피가 지닌 쓴맛의 정체가 카페인이라는 데 의문을 품게 되었다. 디카페인 커피가 발명되자 카페인을 제거해도 쓴맛이 충분히 남는다는 사실이 명백해졌다. 커피의 쓴맛은 카페인 이외의 쓴맛 나는 물질이 큰 영향을 끼치는 것으로 판명되었다. 그 후로 연구가 진행되어 커피의 쓴맛 중에 카페인이 10~30%를 차지한다는 사실도 밝혀졌다.

카페인은 물에 녹기 쉬우며 깔끔한 쓴맛이 난다. 개운한 기분이 들어서 또 마시고 싶어지는, 약리적인 맛으로서 중요한 작용을 한다."(단베 유키히로)

깊이 있는 쓴맛,
깔끔한 쓴맛
●

특히 자주 사용하는 표현 중에 「깔끔한 쓴맛」과 「깊이 있는 쓴맛」이 있다. 즉, 입안에 남는 지속시간이 짧은 쓴맛과, 길게 남는 쓴맛이 있다는 것이다. 이러한 맛에 관해 단베 유키히로는 다음과 같이 설명한다.

"커피를 마실 때 입안에 머금은 액체를 대부분 그대로 삼키지만, 일부 성분은 맛을 느끼는 센서인 미뢰(맛봉오리)와 구강 점막에 남는다. 그 후에 점막 위를 시트처럼 덮으며 흐르는 타액에 성분이 씻겨나간다. 기본적으로는 분자량이 적고 친수성이 높은 분자일수록 빠르게 유실된다. 커피의 쓴맛은 분자 크기와 친수성의 차이에 따라 빠르게 사라지는 성분부터 오랫동안 머무르는 성분까지 다양하게 존재하며, 전자는 개운한 쓴맛, 후자는 뒤에 남는 쓴맛이 된다."

또한, 쓴맛의 성분뿐 아니라 다른 맛의 요소도 복잡하게 얽혀 있다고 한다.

"예를 들어 신맛은 원래 수용성이 높아서 흐르기 쉬운 데다, 신맛을 중화하기 위해 타액이 많이 분비된다. 따라서 씻겨 사라지는 속도 전체가 빨라진다. 결과적으로 신맛 자체가 빨리 사라질 뿐만 아니라 다른 성분도 빨리 사라져서, 신맛성분이 많으면 개운한 맛이 느껴진다. 또한, 떫은 성분은 구강 내의 단백질과 결합하여 잔류성이 높아진다. 유지분은 친유성이 높은(친수성이 낮은) 다른 성분을 녹여 구강 내에 오래 머물면서, 다른 성분과 함께 늦게 사라지는 작용을 한다." (난베 유키히로)

이처럼 다양한 맛의 복잡한 관계성에 따라 커피의 맛, 정확히는 「맛을 느끼는 방법」이 바뀐다.

아시아에서 중요시하는 「마일드한 맛」의 정체

그렇다면 아시아에서 중요시하는 「마일드한 맛」이나 「입안에서의 부드러운 촉감」이란 어떤 상태일까? 커피는 액체이며 그다지 걸쭉하지도 않다.

"맛 물질이 입안에서 천천히 사라지면, 우리는 실제 액체가 지닌 것 이상의 점성을 느낀다. 반대로 빠르게 사라질 때는 점성이 약하다고 느낀다. 여러 종류의 쓴맛이 천천히 퍼지는 감각에서 중후함과 매끄러움을 느끼면, 벨벳 같은 촉감을 떠올리며 부드럽다고 표현한다. 어떤 감각을 다른 감각과 혼동해서 인식하는 「공감각」이라는 인간의 시스템이, 같은 점성의 액체에서 부드러움을 느끼게 하는 것이다." (단베 유키히로)

이와 마찬가지로 깔끔함을 느끼는 것도, 또 다른 효과로서 다음과 같이 생각할 수 있다.

"깔끔한 맛은 입안에서 빠르게 사라지는 것이 특징이지만, 그것만으로는 개운하다고 느낄 뿐 「깔끔함」을 느끼기엔 역부족이다. 쓴맛의 깔끔함을 느끼려면 우선 불쾌하다고 느끼기 직전의 강한 쓴맛이 필요하고, 더욱이 그 맛이 빨리 사라진다는 2가지 조건을 충족해야 한다. 커피의 쓴맛에 익숙한 사람이라도 강한 쓴맛에 대해서는 일종의 스트레스를 느낀다. 강한 쓴맛이 확 사라짐과 동시에 스트레스가 순식간에 해소되면서 상쾌함으로 이어지는 것이다. 이것이 깔끔한 맛의 정체라고 할 수 있다." (단베 유키히로)

또한 바디에 있어서도 입안에 오래 남는 잔류시간과 더불어 "맛있는 맛물질의 풍부한 양이 만들어내는 농도감과 지속성, 맛물질 전 종류의 풍부함이 만들어내는 맛의 복잡성이 중요하다"(단베 유키히로)고 하듯이, 다양한 맛의 확장성과 깊이는 빼놓을 수 없는 요소이다.

즉, 궁극적인 목표는 원하는 맛을 한 종류만 뽑아내는 것이 아니라, 여러 종류의 맛을 어떻게 분배하여 뽑아내고, 좋은 밸런스로 공존하게 하는가이다.

커피에서 빼놓을 수 없는 적당한 「신맛」

커피에 조예가 깊은 사람은 「양질의 커피에는 적당한 신맛이 있다」고 하며, 신맛의 중요성을 충분히 이해하고 있다. 신맛은 커피에 있어 쓴맛 다음으로 중요한 요소이다. 하지만, 일반적인 소비자와 커피에 그다지 익숙하지 않은 사람 중에는 신맛이 싫다고 하는 사람도 많다. 왜 그런 오해가 생긴 것일까?

「신맛이 싫다」고 하는 사람은 「열화한 커피의 신맛」을 떠올리는 일이 많다. 커피는 본래 로스팅 과정에서 약배전부터 중배전까지가 신맛이 가장 강하며, 강배전부터 신맛이 사라지고 쓴맛이 강해진다. 일반적인 커피를 로스팅해서 추출했는데 불쾌한 신맛이 나는 일은 거의 없다.

하지만 핫플레이트에 보온한 커피나, 로스팅 후의 보관 상태가 나빠서 습기를 빨아들인 원두, 장기 보관해서 열화가 진행된 원두를 사용한 커피에서는 불쾌한 신맛이 난다. 이는 애초에 원두를 잘못 보관했기 때문이며, 커피 본래의 신맛과는 전혀 다르다. 커피는 생두 단계에서는 신맛이 거의 나지 않지만, 로스팅하면 생두에 포함된 자당(수크로오스) 등이 분해되어 유기산의 양이 늘어나고, 약배전부터 중배전에 걸쳐 신맛이 강해진다. 커피에 포함된 유기산은 과일에 포함된 산과 같은 것이라고 단베 유키히로는 설명한다.

"커피 생두에 포함된 산은 생두 단계의 클로로겐산, 구연산, 사과산(말산)이 있고, 로스팅 과정에서 생기는 퀸산(quinic acid), 카페산, 아세트산 등이 있다. 이 외에 지방산 종류와 인산 등도 포함한다. 떫은맛이 강한 카페산과 클로로겐산을 제외하면, 다양한 과일의 신맛 물질로 잘 알려진 것이 많다. 사과산은 이름 그대로 완숙 전 사과와 같은 상큼한 수렴성 신맛이며, 구연산은 감귤류와 같은 신맛을 지녔다. 아세트산은 식초의 주성분으로 저농도에서는 부드러운 신맛이 나며, 다양한 과일에 포함되어 있다. 퀸산은 구연산과 함께 키위 등의 과일에 다량 포함되어 있다."

커피에서 느껴지는 신맛은 구연산과 아세트산이 중심인데, 그 밖에 생두에 포함된 다양한 산과의 조합으로 복잡한 신맛을 낸다. 또한 온도가 낮아지면 쓴맛과 단맛은 느끼기 어려워지고, 신맛은 느끼기 쉬워지는 경향이 있다. 추출해서 시간이 지나면 같은 커피라도 신맛이 강하게 느껴지는 것이 그런 이유에서다.

게다가 이러한 몇 가지 맛의 농도감은 「바디」가 되어 맛 전체에 깊이를 더한다.

「바디」는 맛의 복잡성과 지속성이 요인으로 작용한다. 단베 유키히로는 바디에 관해 이렇게 설명한다.

"처음에 느낀 1가지 맛뿐이라면 '이런 맛이구나' 하고 수용하거나 예상할 수 있지만, 나중에 다른 맛을 느끼면 '어라?' 하고 놀라게 된다. 여러 가지 성분을 포함하고 있으면, 각 성분이 입안에서 어떻게 타액으로 흘러들어가느냐에 따라 느끼는 맛도 달라진다. 그렇게 심오한 맛을 느끼면, 그 커피에는 「바디」가 있다고 인식하게 된다. 즉, 「바디」는 단순한 성분의 복잡성뿐만 아니라, 성분의 지속성과 맛을 감지하는 시간과도 연관된다. 복잡한 성분을 우리 머릿속에서 어떻게 인식하는지까지도 염두에 두어야 한다."

존재하지 않는 단맛의 성분, 커피의 단맛 정체는?
●

커피맛을 평가할 때 「플레이버(flavor)」라는 말을 사용한다. 커피를 입에 머금고, 코로 들이마시는 향과 맛을 종합한 것을 플레이버라고 한다. 플레이버는 다른 말로 「향미」라고 하며, 「향(아로마)+맛(테이스트)」을 뜻한다. 플레이버로 표현되는 향(아로마)은 입안에서 코로 빠져나가는 입안의 향이다. 커피는 코끝으로 맡는 향보다 입에서 코로 빠져나가는 향이 풍부하다.

양질의 커피에는 어렴풋이 달콤한 향이 감돈다. 「뒷맛이 달다」고 표현하는 사람도 많다. 소비자들도 「단맛이 나는 커피가 좋다」는 말을 하곤 한다. 하지만 실제로 추출된 커피성분에는 단맛이 거의 남아 있지 않다. 이 점에 관해 단베 유키히로는 다음과 같이 설명한다.

"원래 생두에 포함된 자당의 양은 적으며, 약배전 시점에서 대부분 열분해되어 로스팅이 끝나면 단맛을 느낄 만한 농도가 남아 있지 않다. 또한, 자당 외의 단맛성분은 커피에서 발견되지 않는다. 커피의 단맛이 실제로 존재하는지는 의문시되어왔다."

하지만 실제로 커피를 마시면, 약배전에서 중배전까지는 설탕을 태운(솜사탕) 듯한 단 향, 그보다 조금 스파이시한 캐러멜이나 메이플시럽 같은 단 향 등이 느껴진다. 향뿐만 아니라 똑같은 맛이 나는 것처럼 느낀다. 이 점에 관해서, 마일드한 맛의 설명에도 등장한 「공감각」 때문이라고 단베 유키히로는 말한다.

"커피에는 푸라논(furanone)류라 불리는 향기 성분이 포함되어 있다. 커피의 단맛은 푸라논류에 의한 풍미라고 가정하면 설명될 수 있다. 이는 당류를 가열하면 생기는 성분으로, 식품의 착향료로 사용되며 물에 섞어 입에 머금으면 단맛을 느끼지만, 코를 막으면 단맛이 사라진다. 입안에서 코를 통해 느끼는 단 향이 「공감각」을 일으켜서 종합적인 풍미로 단맛을 느끼게 하는 것이다."

커피의 단맛성분에 관해서는 그 정체가 확실히 밝혀지지 않았다. 하지만 단베 유키히로의 설명처럼 향으로 느껴지는 단맛이라면, 식거나 추출한 지 오래된 커피는 달게 느껴지지 않으며 신맛이 강해지는 것도 쉽게 이해할 수 있다.

추출할 때 나오는 거품은 커피의 불순물
●

커피에는 맛을 풍부하게 하는 쓴맛, 신맛, 단맛뿐만 아니라, 「떫은맛」도 포함된다. 커피의 「떫은맛」은 부정적인 맛으로 여겨진다. 감의 떫은맛이나 차 등에 포함된 타닌이 떫은 성분으로 알려져 있다. 단베 유키히로에 따르면, "떫은맛은 쓴맛과 공존하는 맛으로 서로의 맛을 강하게 만든다"고 한다.

즉, 커피의 「떫은맛」은 잡미이며, 대표적인 「불순물」로 취급된다.

커피의 불순물은 거품으로 모이기 쉽다. 거품을 맛보면 불쾌한 떫은맛이 느껴진다. 드립으로 추출할 때, 드리퍼의 거품이 떨어지기 전에 드리퍼를 서버에서 치우는 것도 「불순물」이 추출액에 들어가지 않게 하기 위해서다.

하지만 에스프레소는 「크레마(거품)가 맛의 원천」이라고 한다. 거품을 제거해야 하느냐 하면, 그렇지는 않다. 그 힌트는 「지질」과 「배전도」에서 찾을 수 있다.

커피에는 소량의 「지질(오일 성분)」이 들어 있다. 로스팅한 원두를 보관하면 표면에 번들번들한 기름이 스며 나온다. 이것이 커피에 포함된 「지질」이다.

"강배전 원두에는 계면활성작용을 하는 성분이 많이 포함되어 있다. 에스프레소의 거품은 공기를 포함한 거품이어서 식감이 크림처럼 가벼우며, 계면활성 성분이 모여서 거품을 안정화한다. 에스프레소의 경우에는 지질도 많이 추출되어, 떫은맛성분과 함께 거품에 섞인다. 지질은 커피의 맛과 향 성

분을 혀에 감돌게 하는 역할도 맡는다.”(단베 유키히로)

게다가 불쾌한 떫은맛을 줄이는 데는 커피에 곁들이는 크림과 우유 등도 활약한다.

“떫은맛성분은 크림이나 유제품 등에 포함된 카제인 같은 유단백질과 결합”(단베 유키히로)하므로, 커피에 크림 등을 넣으면 떫은맛이 줄어든 것처럼 느껴진다. 쓴맛이 강한 에스프레소에 거품을 낸 우유를 듬뿍 넣은 카페라테는 쓴맛이 줄어들고 부드러워져서 훨씬 마시기 좋다.

맛을 결정하는 6가지 요소

커피맛을 컨트롤하기 위한 「6가지 요소」에 대해 하나씩 살펴보자.

6가지 요소 중에서 배전도를 제외한 5가지(가루의 굵기와 분량, 물온도, 추출시간과 추출량)가 추출에 관련된 요소이다.

추출 시에는 다양한 조건을 미묘하게 조정할 필요가 있다. 정확히 계측하면 언제나 일정하게 유지할 수 있는 요소도 있는 반면, 의도한 대로 안정화하기 어려운 요소도 있다. 커피가루의 분량, 물온도, 추출량은 수치만 결정하면 비교적 쉽게 재현할 수 있다. 한편, 가루의 굵기는 그라인더의 정밀도에 좌우된다. 드립으로 가장 조절하기 어려운 것은 추출시간이다. 물을 부을 때의 리듬과 속도가 추출시간에 영향을 주기 때문이다.

커피맛을 결정하는 6가지 요소

a. 배전도

b. 가루의 굵기(분쇄도)

c. 가루의 분량

d. 물온도

e. 추출시간

f. 추출량

또한 맛의 컨트롤을 위해서는, 이러한 요소 외에 맛에 영향을 주는 요소를 최대한 배제해야 한다.

기본추출에서도 강조했지만, 반드시 지켜야 하는 것은 갓 로스팅한 신선한 커피를 사용해야 한다는 조건이다. 로스팅 후 2주 이상 지났거나, 보관환경이 나빠 열화한 원두, 산패하기 직전의 커피는 물을 머금는 힘이 약하며, 그런 경우에는 90℃ 이상의 높은 온도가 아니면 맛과 향이 나오지 않는다.

종이필터 역시 종이의 성질상 주변 냄새나 습기를 흡수하기 쉽다. 한번 개봉한 필터는 그대로 서랍에 넣어 두거나 선반 등에 꺼내놓지 말고 밀폐용기에 넣어 보관해야 한다. 향은 맛에 영향을 주는 커다란 요인이다. 세심하게 관리하고, 수년이 지난 것은 사용하지 않는다.

사용한 드리퍼와 서버 등의 도구는 바로 중성세제로 씻고 행주 등으로 물기를 닦아낸다. 커피의 떫은맛이 남지 않도록 항상 청결하게 유지해야 한다. 그라인더 등은 정기적으로 청소해서 미분이 남지 않게 한다. 그라인더에 남은 미분은 산화해서 맛에 큰 영향을 끼친다. 도구를 깨끗하게 유지하고, 준비와 사용 후 세척과 관리를 게을리하지 않는 것은 가장 중요한 전제조건이다.

a. 배전도

커피맛에 가장 큰 영향을 끼치는 것은 배전도이다. 로스팅이 커피맛의 대부분을 결정한다고 해도 과언이 아니다. 로스팅으로 생긴 커다란 차이를 추출로 커버하기는 어렵다. 원하는 맛으로 로스팅한 원두를 선정하는 일부터 컨트롤이 시작된다.

커피맛은 산지별 품종보다 오히려 배전도의 차이로 결정된다고 『커피대전』에서 설명했는데, 산지별 품종에 따른 맛의 특성은 같은 배전도라는 조건에서 비교했을 때 비로소 성립된다. 「풀시티(중강배전)의 콜롬비아」처럼 배전도와 함께 「특정한 맛」으로 규정되는 것이다.

모카는 신맛을 지녔어도 강하게 볶으면 신맛이 사라지고 쓴맛이 나온다. 쓴맛이 개성적인 만델링도 약하게 볶으면 신맛이 강해진다.

배전도는 다양한 구분 방법이 있지만, 일반적으로 4~8단계로 나뉜다.

약배전_ 라이트(light) / 시나몬(cinnamon)

중배전_ 미디엄(medium) / 하이(high)

중강배전_ 시티(city) / 풀시티(full city)

강배전_ 프렌치(French) / 이탈리안(Italian)

실제로 커피콩을 볶아보면 알겠지만, 이러한 구분법은 「크랙(crack)」의 타이밍과 연관된다. 크랙이란, 커피콩이 가열되어 수축·팽창하면서 터지는 현상을 말한다. 크랙이 생기면서 콩은 커다랗게 팽창한다. 「라이트」는 1차 크랙이 시작하기 직전이며, 「시나몬」은 1차 크랙 도중, 「미디엄」은 1차 크랙이 끝난 시점, 「하이」는 콩의 주름이 펴져서 향이 변하기 직전이다. 「시티」는 2차 크랙까지이며, 「풀시티」는 2차 크랙이 끝날 무렵이다. 「프렌치」는 검은색에 갈색이 섞인 단계, 「이탈리안」은 갈색이 사라지고 검은색이 된 단계이다.

최적의 배전도는 커피콩에 따라 다르다. 어떤 배전도가 가장 적합한지는 각각의 생두를 이탈리안 로스팅까지 실제로 한 번씩 볶아서, 결정된 배전도에서 맛을 확인하고 그 커피콩의 개성을 최대한 끌어낼 수 있는 최상의 포인트를 찾아 결정해야 한다. 자가배전을 할 때는 다시 한 번 로스팅 기술과 시스템을 익힌 다음, 수고를 아끼지 않고 실제로 볶아보아야 한다.

로스팅하는 사람과 가게의 사고방식에 따라 기준이 미묘하게 다르기 때문에, 원두를 살 때는 생두의 맛을 충분히 끌어내기 위한 배전도를 어떻게 결정했는지 물어보는 것도 좋다. 생두의 개성과 배전도의 관계를 이해한 다음 최적의 배전도를 결정한 곳에서 원두를 구입하는 것을 추천한다.

참고로, 「카페 바흐」의 배전노 기준과 그 구분법을 다음 페이지에서 소개한다. 커피콩의 크기는 실물 크기이며, 색감도 가능한 실물에 가깝게 재현했으므로 하나의 기준으로 삼기 바란다. 「카페 바흐」에서는 약배전, 중배전, 중강배전, 강배전의 4단계로 배전도를 나눈다.

그림 14 | 커피의 배전도와 맛의 변화

	약배전			중배전
배전도	 라이트 로스팅	 시나몬 로스팅	 미디엄 로스팅	 하이 로스팅
특징	배전도가 가장 약하며, 생두 고유의 떫은맛이나 불쾌하게 아린맛이 강하다. 아직 커피다운 향과 쓴맛이 없으며, 맛있게 마시기에 적합하지 않다. 로스팅이나 커피콩의 특징을 테스트할 때 사용한다.	라이트 로스팅에서 조금 더 로스팅이 진행되지만, 생두의 떫은맛이나 아린맛이 강하며 쓴맛과 강한 신맛은 아직 나오지 않는다. 커피로 맛있게 마시기에 적합하지 않다. 주로 로스팅이나 커피콩의 특징을 테스트할 때 사용한다.	커피다운 맛, 일단 향이 나기 시작한다. 기분 좋은 신맛과 부드러운 바디감이 있으며, 풍미가 부드럽고 경쾌하다. 커피콩의 색과 추출한 커피의 색이 모두 밝다. 커피에 입문하는 사람에게 추천한다.	원두의 주름이 펴지고 향이 변하기 직전의 배전도이며, 미디엄 로스팅보다 전체적으로 강한 맛이다. 신선한 과일처럼 깔끔한 신맛과 버터나 캐러멜, 메이플시럽, 바닐라 같은 향이 난다.
맛의 변화	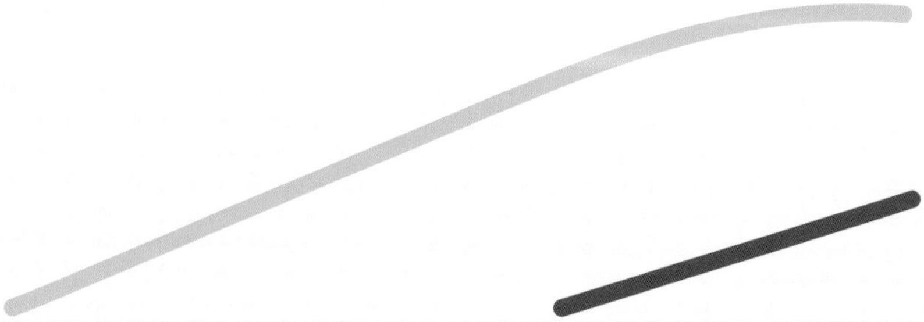			

여기에 실린 원두는 실물 크기로 최대한 실제 색깔에 가깝게 인쇄했지만, 이는 「카페 바흐」에서 분류하는 기준이다. 커피의 배전도에는 엄밀한 규정이 없으며, 카페나 제조사의 독자적인 기준이 있을 뿐이다.

각각의 「특징」을 읽으며 그 아래 「맛의 변화」 그래프를 보면 알 수 있듯이, 신맛은 중배전 근처에서 가장 강해지며, 쓴맛은 배전도에 비례해 강해진다. 이러한 신맛과 쓴맛의 균형에 따라 단맛을 느끼는 방식도 달라진다.

「카페 바흐」에서는 중강배전 근처가 신맛과 쓴맛의 밸런스가 가장 좋고 단맛도 느끼기 쉬우므로, 메인 블렌드의 배전도를 중강배전으로 설정하고 있다.

	중배전	중강배전	강배전	
배전도				
	시티 로스팅	풀시티 로스팅	프렌치 로스팅	이탈리안 로스팅
특징	감귤류처럼 산뜻한 신맛과 함께 묵직한 쓴맛이 강해지며, 향신료 같은 향도 나서 커피의 풍미가 풍부해진다. 커피콩의 색깔도 진해지기 시작한다.	신맛과 쓴맛의 비중이 거의 비슷해서 밸런스가 뛰어나다. 가장 풍부한 풍미를 지닌 커피가 된다. 커피콩의 색도 훨씬 진해지며, 로스팅 후에 시간이 지날수록 표면에 기름이 배어 나오는 것도 특징이다. 「카페 바흐」의 바흐 블렌드도 중강배전이다.	신맛이 남아 있지만, 쓴맛이 훨씬 강해져서 깊고 중후한 풍미가 된다. 커피콩의 색은 검은 가운데 갈색이 남아 있다. 초콜릿 같은 향도 진해진다. 베리에이션(variation) 커피에 사용한다.	갈색이 사라지고 거의 검은색이며, 표면에 기름이 배어 나와 윤기가 난다. 강하게 볶아서 고소한 맛과 쓴맛은 강하지만, 신맛은 거의 느껴지지 않는다. 목넘김이 좋고 깔끔하다. 베리에이션 커피에 사용한다.

맛의 변화

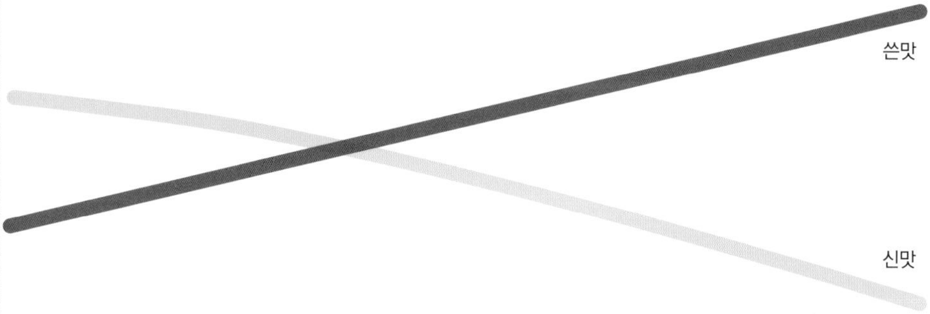

쓴맛

신맛

커피는 생두의 타입에 따라 적합하거나 적합하지 않은 배전도가 있다. 『커피대전』에서는 커피콩을 4가지 타입으로 분류했으며, 각 타입마다 어떤 배전도가 어울리는지 아래와 같은 상관표로 나타냈다. 이 상관표로 어느 정도 기준을 잡아서 그 전후로 로스팅 범위를 좁힐 수 있다.

A~D 타입
생두의 특징
●

A 함수량이 적으며, 전체적으로 하얗고 성숙도가 매우 높다. 콩의 크기는 다양하지만, 편평하고 과육이 적다. 콩의 표면은 비교적 요철이 적고 매끈하다. 대체로 저산지~중산지의 커피가 많으며, 신맛이 적고 향도 약하다. 열의 전달이 빠르다. 약배전~중배전으로 사용해도 극단적인 신맛이 나지 않는다. 강배전으로 볶으면 특색 없이 단조로운 맛이 된다. 약배전~중배전이 적합하다.

B 다루기 편한 타입의 커피콩이다. 표면이 조금 건조해 보이며 요철이 조금 있다. 저산지~중고산지의 커피가 많다. 약배전이나 중배전~중강배전으로도 사용한다. 심지어 강배전으로 로스팅해도 마시기 좋다. 입문자용 커피로 사용하기도 한다. 약배전으로 볶으면 떫은맛이 나기 쉬우므로 주의한다.

C 중고산지의 커피가 많다. 과육이 많고 표면에 요철이 적다. 다양하게 쓰이고, B타입이나 D타입과의 호환성이 좋다. 커피의 맛과 향이 가장 풍부한 중강배전에 최적이다. 특히 향이 뛰어나며, 복잡미묘하고 세련된 맛을 함께 지녔다.

D 고산지의 크고 과육이 많은 커피이다. 과질이 단단하고 표면에 요철이 있다. 열전달이 느리며, 강한 신맛을 지녔다. 중강배전~강배전에 적합하며, 스모크 플레이버(smoke flavor)를 즐기고 싶은 사람에게 알맞다. 강배전으로 볶으면 맛이 단조로워지지만, A타입이나 B타입에 없는 농후감을 충분히 즐길 수 있다.

그림 15 | 생두의 4가지 타입과 배전도

배전도 \ 타입	A	B	C	D
약배전	◎	○	△	✕
중배전	○	◎	○	△
중강배전	△	○	◎	○
강배전	✕	△	○	◎

생두를 A~D의 특징에 따라 4가지 타입으로 나누었을 때, 각각의 생두가 지닌 맛이 어떤 배전도에서 최대한 살아나는지 정리한 상관표이다. ◎는 기본적으로 잘 어울리는 배전도, ○는 적합, △는 보통, ✕는 부적합을 나타낸다.

배전도에 따른 맛의 변화

•

배전도에 주목하여 살펴보면, 원하는 맛을 추출하기 위해서는 각 생두 타입에 맞는 적절한 로스팅인지 확인하고 배전도에 따른 맛의 특징을 확인하는 것이 중요하다. 반대로 밀해 로스딩에 관한 지식이 풍부하고 믿을 만한 구입처에서 산 원두라면, 그 배전도로 원하는 맛을 제대로 끌어낼 수 있다는 뜻이다. p.48~49 「커피의 배전도와 맛의 변화」의 관계를 기억해두면 대략적인 맛을 떠올릴 수 있다.

가장 큰 맛의 변화는 신맛은 배전도가 약한 쪽에서 강하고, 중배전에서 최고점에 이르렀다가 떨어진다는 점이다. 또한 쓴맛은 중배전부터 서서히 늘어나며, 강배전까지 우상향으로 강해진다. 이 2가지 주요 맛의 밸런스에 따라 맛이 대부분 결정된다.

원두를 사거나 자가배전을 할 때도, 생두의 종류와 배전도의 관계가 딱 들어맞지 않아도 폭넓게 대응할 수 있는 커피콩이 있으므로, 실제로 추출해서 커핑(cupping)을 해보는 것이 가장 좋은 방법이다. 지금까지의 이론을 이해했다면, 머리로만 아는 것이 아니라 실제 미각으로도 느껴봐야 한다.

이 책의 마지막에 「카페 바흐」 방식으로 추출한 커피의 커핑 방법을 소개하고 있다. 간단한 평가양식도 소개하고 있으므로, 실제로 추출·커핑해서 로스팅에 따라 달라지는 맛을 체감하기 바란다. 실제로 느낀 맛을 기록하고 비교하며 새로운 발견을 할 수 있을 것이다.

약배전의 주의점

배전도에도 유행이 있으며, 새로운 가게는 유행하는 맛을 간판으로 내세우는 일도 많다. 최근 서드 웨이브(third wave) 계열의 커피숍에서는 약배전이 주목받고 있다.

약배전 원두는 쓴맛이 거의 나지 않아서 주로 신맛이 느껴지지만, 커피콩 본래의 신맛을 로스팅으로 적절히 끌어내는 것은 매우 어려운 일이다. 로스팅 시간이 짧아서 원두의 중심까지 가열되지 않아 속 쓰린 신맛이 나기도 한다. 이는 명백히 스트라이크존을 벗어난 커피이다. 약배전이라도 원두의 중심까지 확실히 가열한 약배전이라면, 속 쓰린 신맛이 아닌 본래의 신맛을 즐길 수 있다. 이 점에 주의해서 원두를 골라야 한다.

또한, 적절한 약배전이라도 추출할 때는 충분한 주의를 기울여야 한다. 약배전은 입자의 밀도가 높아서 침전하기 쉽고, 추출속도가 늦어지는 경향이 있다. 어느 대회에서는 커피가 침전해서 막히지 않도록 저어가며 추출하는 강제적인 방법이 등장하기도 했다. 다시 말해, 드립인데도 투과식이 아닌 침지식에 가까운 상태가 되어버린 것이다.

추출속도가 늦어지면 떫은맛이 나오므로 되도록 빨리 추출해야 한다. 그러기 위해서는 가루를 굵게 분쇄하고, 떨어지는 속도가 빠른 원추형 등의 드리퍼에서 높은 온도로 빠르게 추출해야 한다. 여분의 떫은맛이 나오지 않는 신속한 추출이 될 것이다. 이러한 컨트롤 방법을 이 책을 통해 익히길 바란다.

b. 가루의 굵기(분쇄도)

Introduction에서는 맛있는 커피, 즉 좋은 커피의 4가지 조건 중 마지막으로 「갈아서 바로 추출한 커피」를 꼽았다.

커피는 원두 그대로 보존해서 추출 직전에 가루로 분쇄하는 것이 원칙이다. 이는 원두의 신선도를 유지하기 위해서이며, 신선한 커피가 아니면 추출할 때 충분히 부풀어오르지 않기 때문이다. 가루로 분쇄하면 표면적이 넓어지고, 탄산가스가 빠지는 속도가 빨라진다. 동시에 향도 순식간에 사라지고 만다.

원두를 분쇄할 때는 그라인더를 사용한다. 곱게 갈면 좋다고 생각해선 안 된다. 가루의 굵기(분쇄도)는 추출성분에 큰 영향을 끼치는 중요한 요소 중 하나다.

굵기가 고우면 가루의 표면적이 넓어지므로 추출되는 성분도 많아진다. 따라서 액체의 농도가 진해지고 쓴맛도 강해진다. 반대로 굵기가 거칠면 가루의 표면적이 줄어들어 추출되는 성분도 적어진다. 당연히 농도는 옅어지며 쓴맛이 약해진다. 쓴맛이 약해지면 신맛이 나타나기 시작한다.

또한 가루의 굵기는 추출 후반의 조건인 추출시간에도 영향을 끼친다. 굵기가 고우면 다른 조건을 똑같이 해도 추출시간이 길어진다. 거친 가루 사이를 빠져나오는 것과 고운 가루 사이를 빠져나오는 것, 둘 중에서 후자의 시간이 더 오래 걸린다고 예상할 수 있다. 추출시간이 늘어나면 커피 전체의 농도가 진해지며, 원래는 추출하고 싶지 않았던 성분까지 빠져나올 가능성이 커진다.

원두를 갈 때 가장 중요한 포인트는 4가지이다.

> ❶ 굵기를 균일하게 분쇄한다.
>
> ❷ 미분이 생기지 않게 한다.
>
> ❸ 열이 발생하지 않게 한다.
>
> ❹ 추출 방법에 알맞은 굵기로 분쇄한다.

실제 추출작업은 원두를 가는 일부터 시작한다. 「분쇄 직후」가 원칙이라고는 해도 굵기가 일정하지 않고 미분이 많으면, 원두를 살 때 업소용의 품질 좋은 분쇄기로 갈아서 되도록 빨리 사용해버리는 편이 좋을 때도 있다. 각 항목에 관련된 이유와 설명을 이해하기 바란다.

❶ 굵기를 균일하게 분쇄한다.

굵기가 고르지 않으면 나중에 물온도 등으로 조절해도 물에 녹아 나오는 성분을 원하는 대로 추출하기 어려워진다. 커피의 맛과 농도가 뒤죽박죽되고 만다. 그라인더를 고를 때는 균일하게 갈리는지 주의해서 선택해야 한다.

그라인더는 칼날 구조에 따라 블레이드 그라인더, 버 그라인더(플랫 커터 또는 코니컬 커터), 롤 그라인더로 크게 나눌 수 있다(p.55 **그림 18**). 블레이드 그라인더는 전동식이라도 저렴하고 구하기 쉬운 제품이 많지만, 일정 크기 이하로 작아진 가루를 도중에 내보내는 장치가 없는 것도 많으며, 그럴

고운 굵기(4.0)　　　　　중간 굵기(5.5)　　　　　거친 굵기(7.5)

「카페 바흐」에서 사용하는 업소용 그라인더[디팅(Ditting)사 디스크커터 KR804]로 분쇄한
고운 굵기, 중간 굵기, 거친 굵기의 실물 굵기 사진. 그라인더에 표시된 눈금은 제조사에 따
라 미묘하게 다르므로, 어느 눈금에서 어느 정도의 굵기로 갈 수 있는지 확인해두어야 한다.

그림 16 │ 업소용 그라인더로 분쇄한 커피가루 입자의 지름 분포

분쇄방식	눈금	입자의 지름 분포(%)										
고운 굵기	4.0	2.3	1.1	2.7	5.7	14.5	24.5	27.3	14.9	7.1		
중간 굵기	5.5		8.6		3.2	6.2	10.2	16.3	17.3	15.3	10.1	12.7
거친 굵기	7.5		8.3			9.4		9.5	12.0	14.5	14.6	13.4	7.8	10.6

0　　　　　　0.5　　　　　　1.0　　　　　　2.0
입자의 지름(mm)

「균일하게 분쇄한다」고 해도 실제로 조사해보면 가루의 굵기는 항상 어느 정도 고르지 못하며, 가루의 지름에 따른 분포는 오른쪽 분포도처럼 산모양을 그린다.

산이 높고 뾰족할수록 균일한 것이고, 고성능 업소용 그라인더로 고운 굵기~중간 굵기로 갈았을 때 산이 높고 경사면이 거의 좌우 대칭으로 완만하게 펼쳐진다(다만, 그라인더의 구조상 거칠게 갈면 분포 면적이 넓어지고 중심이 살짝 왼쪽으로 치우친다). 미분이 많으면 0.5mm 이하의 영역으로 중심이 치우쳐서 분포도가 비뚤어진다.

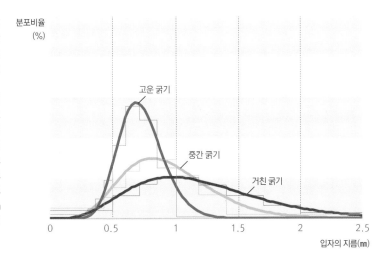

분포비율
(%)

고운 굵기

중간 굵기

거친 굵기

0　　　0.5　　　1　　　1.5　　　2　　　2.5
입자의 지름(mm)

※ 디팅사의 디스크커터 KR804 사용

때는 미분이 많아지고 굵기가 고르지 않게 되므로 주의한다. 가정용 핸드밀이나 업소용 전동 그라인더 대부분은 버 그라인더이며, 제대로 관리해서 사용하면 충분한 성능을 발휘한다. 또한 롤 그라인더는 굵기가 고르게 갈리지만 매우 고가여서 대기업의 로스팅 공장 등에서 사용한다.

업소용 그라인더는 칼날의 재질도 내구성이 좋은 제품이 많지만, 미분 제거와 함께 그라인더의 날도 정기적으로 점검하고, 굵기가 일정하지 않거나 눈으로 봐서 칼날이 무뎌졌다면 칼날을 교환하거나 갈아야 한다.

❷ 미분이 생기지 않게 한다.

미분은 가루라고 할 수 없을 만큼 아주 작은 입자로 원두를 분쇄할 때 반드시 생긴다. 미분은 커피맛에 나쁜 영향을 끼쳐서 불쾌한 맛과 떫은맛의 추출로 이어진다. 되도록 미분이 적은 편이 좋다.

게다가 까다로운 점은, 그라인더 내부에 미분이 달라붙는 것이다. 아무리 신선한 원두를 준비해도 언제 달라붙었는지 모를 미분이 산패했다면, 로스팅해서 바로 분쇄한 원두를 사용하는 의미가 없다.

미분이 나오지 않게 하려면 되도록 미분이 발생하지 않는 고성능 그라인더를 사용하고, 그라인더에 달라붙은 미분을 매번 제거하는 방법이 있다. 그래도 미분이 발생할 때는, 분쇄 후 굵기가 균일해지도록 차거름망 등으로 미분을 제거하는 방법도 효과적이다.

미분이 섞인 커피는 여과에도 방해가 된다. 미분이 많으면 종이필터를 통과하는 물의 유량이 줄어들고 추출시간도 늘어나므로, 일반적인 잡미와 잘 분리되지 않는다.

또한, 종이층을 통과하기까지 커피가루층 안에서도 가루와 가루 사이에 미분이 들어가 막혀버릴 가능성이 커진다. 돌담 등을 보면 큰 돌 사이를 작은 돌로 채운 것을 볼 수 있는데, 바로 그와 같은 상태가 된다. (**그림 17**)

그림 17 | **여과지의 단면을 확대한 이미지**

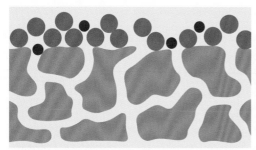

미분이 적을 때_ 물이 지나는 길이 넓어서 원활하게 투과한다.

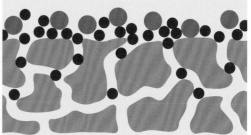

미분이 많을 때_ 물이 지나는 길이 미분으로 막혀서 막힘 현상이 일어난다.

※ 크고 작은 ●는 커피가루를 나타낸다.

그림 18 | 그라인더의 구조

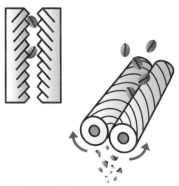

롤 그라인더(roll grinder)
원두가 균일하게 분쇄되며, 열이 덜 발생하므로 장시간 계속
해서 사용할 수 있다. 내구성이 좋은 날을 사용하여 비싼 제품
이 많다. 주로 공업용으로 사용한다.

버 그라인더(burr grinder) / 플랫 커터(flat cutter)
가정용, 업소용의 전동식 그라인더에 많이 사용되는 방식이
다. 날과 날 사이의 간격을 조정해 입자 크기를 조절한다. 날
의 재질은 스테인리스나 세라믹 등이며, 가격대도 다양하다.

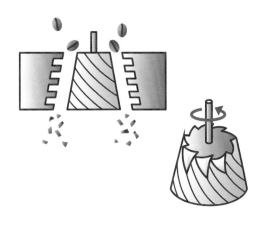

버 그라인더(burr grinder) / 코니컬 커터(conical cutter)
핸드밀에 많이 사용되는 방식이다. 나사를 조정하는 등의 방
법으로 무단계(스텝리스) 조정이 가능하다. 핸드밀은 극세 분
쇄를 못하는 것이 많지만, 에스프레소용 전동 그라인더에도
많이 사용된다.

블레이드 그라인더(blade grinder)
2개의 날을 회전시켜 분쇄한다. 가정용으로 가장 손쉽고 저렴
하게 구할 수 있지만, 고르게 분쇄하기 어렵다. 미분이 많아지
기도 한다.

그라인더를 선택하는 방법

그라인더는 가정용에서 업소용까지 다양한 종류가 있으며, 가격대도 상당히 다양하다. 몇 만 원인 가정용 간이 그라인더
부터 수백만 원에 이르는 업소용 그라인더까지 폭이 넓다. 지금까지 제시한 조건을 충족하는 그라인더를 고르는 것이 바
람직하다. 업소용이라면 여러 번 테스트를 거쳐 열이 발생하지 않고 열화하지 않는 재질 등을 사용한다. 어쩔 수 없이 발
생하는 미분을 분쇄 도중에 진공으로 빨아들여 제거해주는 제품도 있다. 프로 수준의 추출을 바란다면, 위 그림의 분쇄 방
법을 확인한 후 각 도구의 성능을 꼼꼼히 확인하고 정밀한 그라인더를 사용한다.

❸ 열이 발생하지 않게 한다.

여기서 말하는 열이란 분쇄할 때의 마찰열이다. 분쇄할 때 발생하는 열이 많으면 맛과 향을 현저하게 떨어트린다. 가정용 그라인더로 소량의 원두를 단시간에 갈 때는 그다지 신경쓰지 않아도 되지만, 큰 공장이나 직접 로스팅하는 커피숍에서 그라인더를 장시간 연속으로 사용할 때는 문제가 된다. 어느 정도 시간 간격을 두고 사용하는 편이 좋다.

❹ 추출 방법에 알맞은 굵기로 분쇄한다.

지금까지 설명한 법칙을 생각하면, 추출도구와 그에 알맞은 분쇄도의 관계가 보일 것이다.

예를 들어, 에스프레소 커피라면 강배전의 원두를 곱게 갈아서 에스프레소 머신으로 단시간에 소량을 추출한다. 완성된 커피는 쓴맛이 강한 커피이다. 같은 커피가루를 페이퍼 드립에 사용하면 필터에서 막힘 현상이 일어나 물을 부어도 아래로 떨어지지 않는다. 추출시간을 컨트롤할 수 없어서 시간이 길어지며 과잉추출이 되고 만다. 그렇다고 해서 아주 거친 굵기를 사용하면 맛있는 성분을 충분히 추출하지 못하고 물이 서버로 떨어져버린다. 종이필터일 때는 기본적으로 중간 굵기~중간 거친 굵기가 가장 적합하다.

이처럼 각각의 추출도구에는 그에 알맞은 분쇄도가 있다. 가루의 굵기로 컨트롤할 때는 이를 염두에 두고, 배전도와 가루의 분량 등의 밸런스를 맞춰가며 미세하게 조정해야 한다.

추출 방법에 알맞은 굵기는 기본적으로 다음과 같다. 이를 기준으로 미세하게 조정한다.

> 고운 굵기_ 이브릭(미분말), 모카포트(직화식 에스프레소), 에스프레소 머신(매우 고운 굵기)
>
> 중간 굵기_ 페이퍼 드립, 융 드립, 사이펀
>
> 거친 굵기_ 워터 드립(매우 거친 굵기), 퍼컬레이터(매우 거친 굵기)

참고로 이브릭(Ibric)이란 터키식 커피에 사용하는 도구로 긴 손잡이가 달린 국자처럼 생겼다. 커피가루와 물, 설탕을 동시에 넣고 불로 가열하는 이른바 보일링식 추출도구이다.

터키식 커피나 에스프레소에 강배전 커피를 사용하는 이유가 하나 더 있다. 원두를 강하게 볶으면 그만큼 물러져서 곱게 갈리기 때문이다.

커피 전용 그라인더는 나라마다 특색이 있으며, 에스프레소를 주로 마시는 이탈리아에서는 보통 강배전으로 쉽게 부서지는 원두를 가는 것이 목적이므로 약배전의 단단한 원두를 갈면 고장이 나기도 한다. 일본만큼 폭넓은 배전도와 다양한 굵기의 커피를 사용하는 나라도 드물다.

이렇게 ❶~❹의 중요 포인트를 바탕으로, 커피가루의 굵기가 맛에 어떤 영향을 끼치는지 다시 정리한 것이 **그림 19~21**이다.

굵기가 고우면 가루의 표면적이 넓어지며, 성분이 녹아 있는 가루 내부가 물에 직접 닿기 쉬워진다. 따라서 중심부보다 가루 표면에서 먼저 대량의 성분이 추출되는데, 특히 쓴맛성분의 증가가 두드러진다. 따라서 농도 전체가 진해질 뿐만 아니라, 맛의 밸런스도 쓴맛이 강한 쪽으로 변화한다.

6가지 요소 중에서 쓴맛과 신맛의 밸런스를 전환하는 효과가 높은 것은 「a.배전도」, 「b.가루의 굵기」, 「d.물온도」이다. 물론 굵기와 온도를 아무리 조정해도 배전도 단계에서 쓴맛과 신맛성분이 부족하면 별 의미가 없지만, 같은 원두를 추출로 맛의 밸런스를 조정하려면 굵기의 컨트롤을 반드시 이해해야 한다.

그림 19	가루의 굵기와 각 요소의 관계	
분쇄도	고운 굵기	거친 굵기
표면적	넓다	좁다
추출성분	많다	적다
농도	진하다	연하다
맛	쓴맛	신맛

| 그림 20 | 거친 굵기와 고운 굵기일 때 가루의 구조

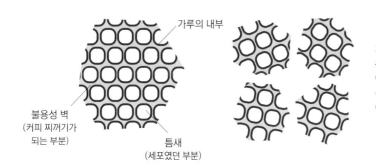

가루의 내부

불용성 벽
(커피 찌꺼기가
되는 부분)

틈새
(세포였던 부분)

거친 굵기(왼쪽)에 비해 고운 굵기(오른쪽)에서는 표면적이 넓어지고, 성분이 녹아 있는 내부까지 물이 직접 닿기 쉬워져 그곳에서 유출되는 성분이 늘어난다.

| 그림 21 | 유출액량과 성분 농도

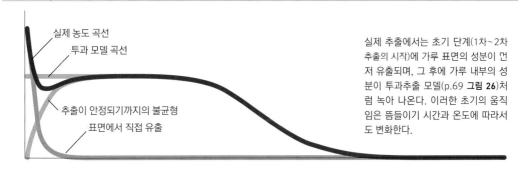

실제 농도 곡선

투과 모델 곡선

추출이 안정되기까지의 불균형

표면에서 직접 유출

실제 추출에서는 초기 단계(1차~2차 추출의 시작)에 가루 표면의 성분이 먼저 유출되며, 그 후에 가루 내부의 성분이 투과추출 모델(p.69 **그림 26**)처럼 녹아 나온다. 이러한 초기의 움직임은 뜸들이기 시간과 온도에 따라서도 변화한다.

b. 가루 굵기에 따른 맛의 컨트롤

바흐 블렌드의 기본추출을 바탕으로 가루 굵기를 3단계로 바꿔가며 추출한 커피맛의 변화를 살펴보기 위해 「카페 바흐」 방식의 커핑을 실시했다.

기본추출 조건

커피가루_ 바흐 블렌드

a. 배전도_ 조금 강하게 볶은 중강배전
c. 가루의 분량_ 2인분 24g
d. 물온도_ 83℃
e. 추출시간_ 3분 30초
f. 추출량_ 300㎖
※ 추출시간은 A는 조금 길어지고, C는 조금 빨라진다.

━━━ 가루의 굵기 A_ 고운 굵기 그라인더의 눈금 3.5
━━━ 가루의 굵기 B_ 중간 굵기 그라인더의 눈금 5.5
━━━ 가루의 굵기 C_ 거친 굵기 그라인더의 눈금 7.5

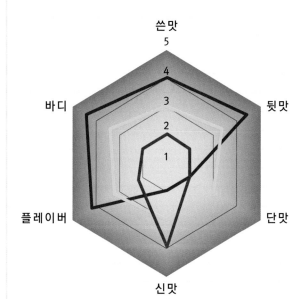

각각의 조건으로 커핑을 실시해서 5단계로 평가한다.

1에 너무 가까우면 추출을 유도하는 방향으로(=온도↑, 시간↑, 분량↑, 굵기↓ 등), 5에 너무 가까우면 추출을 억제하는 방향으로(=온도↓, 시간↓, 분량↓, 굵기↑ 등) 조금씩 조건을 다르게 한다.

조건을 바꿔서 추출했을 때의 커핑 노트

플레이버
전체적으로 잘 드러난다.
3.5(고운 굵기)일 때는 조금 강하게 느껴진다.

쓴맛 · 신맛
쓴맛과의 밸런스가 가장 좋은 굵기는 5.5(중간 굵기).
7.5(거친 굵기)는 조금 강하다.
3.5(고운 굵기)는 쓴맛이 강하며, 신맛이 약하다.

바디 · 깊이 · 뒷맛
모두 3.5(고운 굵기)에서 강하다.

단맛
신맛과 쓴맛의 밸런스가 좋은 5.5(중간 굵기)일 때,
캐러멜 같은 맛이 나며 입안에서 강한 단맛이 느껴진다.

c. 가루의 분량

커피가루의 분량은 보통 어떤 식으로 계량하는가? 드리퍼에 계량스푼이 세트로 구성될 때가 많지만, 통일된 기준은 없으며 제조사마다 크기가 다르다. 그중에는 스푼 안쪽에 선 등으로 용량이 표시된 것도 있다. 기본적으로 계량스푼 1컵이 1인분일 때가 많다. 먼저 드리퍼와 세트인 계량스푼을 사용하여 제조사가 권장하는 추출 방법을 익히고, 가루의 분량을 측정하는 기본적인 방법부터 시작하는 것이 좋다.

계량스푼은 기본적으로 가루의 양을 측정하기 위한 것이다. 원두와 가루의 무게가 같을 거라는 생각은 큰 착각이다. 계량스푼에 원두를 담은 모습을 떠올려보면 이해하기 쉬운데, 커피콩 사이에 공간이 생기므로 같은 계량스푼으로 계량하면 원두보다 가루를 담았을 때가 더 무겁다.

일반적으로 커피 1잔에 사용하는 커피가루는 10g 전후일 때가 많은데, 그렇다면 단 1g만 달라도 10%만큼, 2g이 다르면 20%나 커피가루의 양이 달라지는 셈이다. 이러한 차이는 맛에 큰 영향을 끼치므로 정확하게 맛을 컨트롤하고 싶다면 1g 단위로 계량하도록 주의한다.

또한 배전도에 따라서도 부피가 달라진다. 로스팅이 약하면 밀도가 높아지고, 부피는 줄어든다. 즉, 계량스푼 1컵에 평평하게 담은 가루의 무게가 늘어나는 것이다. 로스팅이 강해지면 밀도가 낮아지고, 부피는 늘어난다. 평평하게 담은 가루 1컵의 무게가 줄어드므로, 계량스푼에 너무 의지하지 말고 저울을 이용해서 무게를 확인해야 한다.

커피가루의 적정량은 드리퍼와 추출도구에 따라 다른데, chap. 3에서 다루는 추출도구 중 페이퍼 드리퍼 몇 가지에 관해서는 제조사에서 추천하는 가루와 물의 양의 관계를 확인해두자.

그림 22 | 커피가루의 양과 추출량

드리퍼	산요산업 스리 포	하리오 V60	칼리타 웨이브	멜리타
커피가루의 양	24g	24g	24g	16g
추출량	300㎖	240㎖	300㎖	250㎖

c. 가루의 분량에 따른 맛의 컨트롤

바흐 블렌드의 기본추출을 바탕으로 가루 분량을 3단계로 바꿔가며 추출한 커피맛의 변화를 살펴보기 위해 「카페 바흐」방식의 커핑을 실시했다.

기본추출 조건

커피가루_ 바흐 블렌드
a. 배전도_ 조금 강하게 볶은 중강배전
b. 가루의 굵기_ 중간 굵기
d. 물온도_ 83℃
e. 추출시간_ 3분 30초
f. 추출량_ 300㎖

━━━ 가루의 분량 A_ 18g(적게)
━━━ 가루의 분량 B_ 22g
━━━ 가루의 분량 C_ 26g(많게)

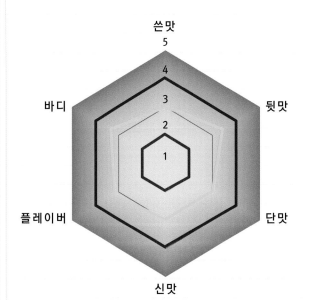

각각의 조건으로 커핑을 실시해서 5단계로 평가한다.

1에 너무 가까우면 추출을 유도하는 방향으로(=온도↑, 시간↑, 분량↑, 굵기↓ 등), 5에 너무 가까우면 추출을 억제하는 방향으로(=온도↓, 시간↓, 분량↓, 굵기↑ 등) 조금씩 조건을 다르게 한다.

조건을 바꿔서 추출했을 때의 커핑 노트

플레이버
바디·깊이
⟩ 가루의 양을 늘리면(26g), 양쪽 모두 조금씩 강해지지만 불쾌할 정도는 아니다.
나쁜 맛이 아닌 강렬함이 나온다.

전체적인 느낌 모든 맛의 간격이 일정하며 균형이 좋다.
가루의 양은 기술과 관계없이 정확히 계량할 수 있어서 컨트롤하기 쉽다.

d. 물온도

추출 시 물온도는 커피맛에 결정적인 영향을 준다. 물온도를 정확하게 측정하려면 반드시 온도계를 사용해야 한다. 그 전제로 포트 안의 물 전체 온도가 균일해야 한다는 것도 중요한 포인트이다.

끓인 물을 포트에 옮겨 담을 때, 온도계를 포트 바닥까지 넣고 방치하면 물온도를 정확히 측정할 수 없다. 포트의 바닥에 온도계가 닿으면 포트 밑바닥의 온도가 측정될지도 모른다. 온도계를 포트에 그냥 꽂아두면, 따뜻한 물이 위로 올라와서 상부의 온도는 높고 하부는 낮아진다. 온도계와 함께 손잡이가 긴 스푼 등 물을 확실히 뒤섞을 수 있는 도구로 위아래를 뒤섞어 전체 온도를 균일하게 맞춘 다음 중앙에 넣고 측정해야 한다.

물온도와 맛의 관계성을 여기에서 확실히 알아두자. 기본적인 법칙은 2가지이다.

❶ 온도가 높을수록 성분의 추출량이 많아진다.

❷ 온도가 높으면 쓴맛이 우러나기 쉽다.
온도가 낮으면 쓴맛이 우러나기 어렵다(신맛이 난다).

우선 ❶부터 살펴보자. 「온도가 높을수록 성분의 추출량이 많아지기」 때문에 유럽과 미국에서는 망설이지 않고 높은 온도로 커피의 맛성분을 가능한 효율적으로 뽑아낸다. 낮은 온도로 시간을 들여 추출하는 것은 일본의 독자적인 방법이다.

❷의 쓴맛과 신맛의 균형 역시 물온도에 크게 좌우된다. 물온도가 높으면 성분의 추출량이 많아지는 것에 비례해 쓴맛과 떫은맛도 우러나기 쉽고 너무 강해질 우려가 있다. 물온도가 너무 낮으면 쓴맛이 약해서 신맛이 두드러지며, 쓴맛과 신맛의 균형을 맞추기 어려워진다. 원두 상태를 살펴가면서 균형 잡힌 온도로 조정해야 한다.

「카페 바흐」에서는 산요산업과 공동개발한 스리 포(Three For)라는 페이퍼 드리퍼를 사용하며, 어떤 로스팅에도 대응할 수 있는 82~83℃를 기본 온도로 지정하고 있다. 맛을 제대로 뽑아내는 온도는 어떤 추출도구를 사용하고, 어떤 배전도의 원두를 사용하느냐에 따라 다르다.

사실, 「카페 바흐」에서도 자가배전을 막 시작했을 무렵인 약 40년 전에는 평균 87~88℃로 커피를 추출했다. 이후 로스터를 직화식에서 반열풍식으로 바꾸고, 다시 신형으로 교체하면서 원두 상태가 점점 좋아지고 있다. 로스터를 바꾸고 원두가 크게 팽창해서 이전과 같은 굵기로 고르게 갈았는데도 실제로는 조금 더 곱게 간 상태에 가까워졌으며, 성분이 효율적으로 추출되었다(p.62 **그림 23**).

다만 조건을 바꾸지 않고 추출하면 과다추출되어 쓴맛이 강해지므로, 굵기가 달라진 만큼 쓴맛과 신맛의 균형 조절에 효과적이며 가루 굵기보나 컨트롤하기도 쉬운, 추출온도를 낮추는 방법으로 밸런스를 조정했다. 또한 원두의 신선도에 따라서도 적절한 온도는 달라진다. 예를 들어 로스팅 직후의 원두를 사용한다고 하자. 로스팅 직후의 원두는 탄산가스가 왕성하게 발생한다. 따라서 그 원두를 분쇄한 커피가루에 90℃ 이상의 물을 부으면 가루가 너무 부풀어서 햄버거빵 모양의 이상적인 뜸들이기가 이루어지지 않으며, 탄산가스가 거품으로 방출되어 제대로 추출하기가 어렵다. 로스팅 직후

그림 23 │ 원두의 팽창과 내부 상태

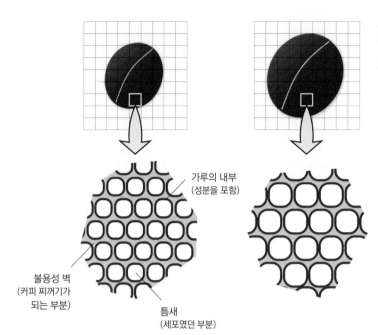

같은 굵기라도 잘 팽창한 원두(오른쪽)는 내부 틈새가 크며, 가루 입자가 곱게 간 상태에 가까워진다. 그만큼 성분이 빠져나오기 쉽다.

가루의 내부
(성분을 포함)

불용성 벽
(커피 찌꺼기가
되는 부분)

틈새
(세포였던 부분)

의 원두를 사용할 때는, 80℃ 전후의 낮은 온도로 가루를 달래듯이 조심스럽게 추출해야 한다.

반대로 로스팅 후 2주 이상 상온에 보관한 원두는 어떨까? 신선도가 떨어진 원두는 고온에서 추출하는 것이 바람직하다. 가스가 빠진 원두는 물을 드리퍼 안으로 빨아들이는 힘이 약해져서 아무래도 추출속도가 빨라진다. 따라서 90℃ 이상의 고온이 아니면 맛과 향을 뽑아낼 수 없다. 다만 온도가 높으면 맛과 향 성분을 뽑아내기 쉬워지지만, 나오지 말아야 하는 불쾌한 잡미도 빠져나온다.

물온도는 배전도에 따라서도 조금씩 조절하는 편이 좋다. 「카페 바흐」에서는 두 요소의 관계를 다음과 같이 제시하고 있다.

강배전은 조금 낮은 온도(75~81℃)나 중간 온도(82~83℃)에서 추출

약배전은 중간 온도나 조금 높은 온도(82~85℃)에서 추출

추출도구와 원두의 신선도, 배전도에 따라 물온도를 컨트롤하는 것은 필수이다.

그림 24	페이퍼 드립에서 물온도와 추출의 관계
물온도	**물온도**
A 86℃ 이상	온도가 너무 높다. 거품이 나고 너무 부풀어서 표면이 갈라진다. 뜸들이기가 충분하지 않다.
B 84~85℃(약배전, 중배전에 알맞다)	온도가 조금 높다. 맛이 강하고, 쓴맛이 난다.
C 82~83℃(모든 배전도에 알맞다)	적당한 온도이다. 균형 잡힌 풍미가 추출된다.
D 75~81℃(강배전에 알맞다)	온도가 조금 낮다. 쓴맛은 줄어들지만, 균형이 부족한 맛이다.
E 74℃ 이하	온도가 너무 낮다. 감칠맛이 충분히 추출되지 않는다. 뜸들이기도 충분하지 않다.

※ A~E는 **그림 25** 추출온도 아래의 A~E에 해당한다.

그림 25	투과식(드립)에서 맛성분의 추출 모델 — 추출온도와 맛의 관계

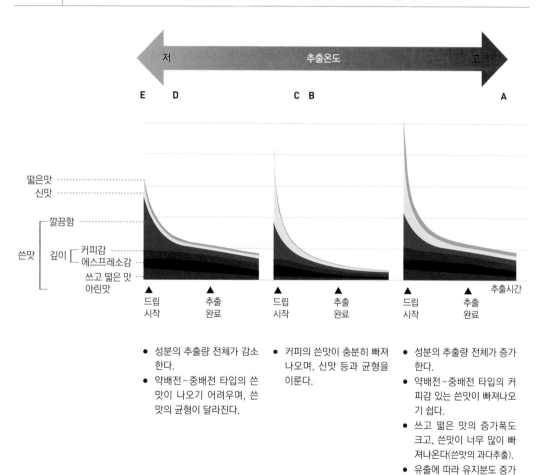

* 성분의 추출량 전체가 감소한다.
* 약배전~중배전 타입의 쓴맛이 나오기 어려우며, 쓴맛의 균형이 달라진다.

* 커피의 쓴맛이 충분히 빠져나오며, 신맛 등과 균형을 이룬다.

* 성분의 추출량 전체가 증가한다.
* 약배전~중배전 타입의 커피감 있는 쓴맛이 빠져나오기 쉽다.
* 쓰고 떫은 맛의 증가폭도 크고, 쓴맛이 너무 많이 빠져나온다(쓴맛의 과다추출).
* 유출에 따라 유지분도 증가한다.

※ 같은 분쇄도일 때 간단한 시뮬레이션 결과.

d. 물온도에 따른 맛의 컨트롤

바흐 블렌드의 기본추출을 바탕으로 물온도를 3단계로 바꿔가며 추출한 커피맛의 변화를 살펴보기 위해 「카페 바흐」 방식의 커핑을 실시했다.

기본추출 조건

커피가루_ 바흐 블렌드
a. 배전도_ 조금 강하게 볶은 중강배전
b. 가루의 굵기_ 중간 굵기
c. 가루의 분량_ 2인분 24g
e. 추출시간_ 3분 30초
f. 추출량_ 300㎖

━━━ 물온도 A_ 78℃(낮게)
━━━ 물온도 B_ 83℃
━━━ 물온도 C_ 90℃(높게)

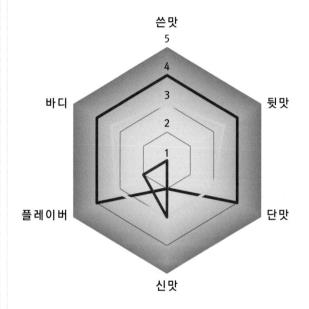

각각의 조건으로 커핑을 실시해서 5단계로 평가한다.

1에 너무 가까우면 추출을 유도하는 방향으로(=온도↑, 시간↑, 분량↑, 굵기↓ 등), 5에 너무 가까우면 추출을 억제하는 방향으로(=온도↓, 시간↓, 분량↓, 굵기↑ 등) 조금씩 조건을 다르게 한다.

조건을 바꿔서 추출했을 때의 커핑 노트

바디·깊이감
뒷맛　모두 저온(78℃)일 때는 조금 희미해진다.
단맛　성분이 충분히 추출되지 않아 경계가 뚜렷하지 않다.
쓴맛　고온(90℃)에서는 바디와 깊이감이 4보다 조금 강해진다.

신맛　저온(78℃)일 때는 쓴맛이 충분히 추출되지 않아서 신맛이 두드러진다.

전체적인 느낌　저온(78℃)에서는 자가배전 등으로 매우 강하게 볶았을 때 원두의 장점을 살릴 수 있다.

e. 추출시간

여기서 말하는 「추출시간」이란, 원하는 추출량을 드립으로 추출하기까지 걸리는 전체 시간을 의미한다. 침지식이라면 정해진 시간이 지날 때까지 같은 물 안에 가루를 담근 채로 놓아둔다. 하지만 드립의 경우, 특정 순간에 부은 물이 드리퍼를 통과해 서버로 떨어지기까지 짧은 시간 동안만 가루와 접촉한다.

이 때문에 드립 추출에서는 「추출속도」라는 말이 쓰인다. 아무 생각 없이 일정 속도로 물을 부으면, 시간이 길어지는 만큼 추출량이 늘어나기 마련이다. 반면 물 붓는 속도가 빨라지면 추출속도도 빨라져서 전체 추출시간이 짧아지며, 물 붓는 속도가 느려지면 추출시간이 길어진다.

추출시간(속도)은 맛을 결정하는 6가지 요소 중에서도 가장 컨트롤하기 어렵다. 추출속도의 컨트롤은 곧 물줄기의 컨트롤이다. 물줄기의 굵기와 물 붓는 방법 등은 추출하는 사람의 기술과 습관에 크게 좌우되며 불확정 요소가

1차 추출 물줄기는 2~3㎜ 굵기 **4차 추출** 물줄기는 4~5㎜ 굵기

물줄기의 굵기와 돌리는 속도로 컨트롤한다. 후반으로 갈수록 추출속도를 높인다.

많아진다. 따라서 우선은 chap. 1에서 소개한 기본추출을 확실히 마스터해야 한다. 추출속도의 컨트롤은 안정적으로 물을 붓고 물줄기를 굵고 가늘게 조절하여 원하는 대로 미세하게 조정할 수 있게 된 다음의 이야기이다.

또한 원두의 신선도와 이제까지 설명한 배전도, 가루의 굵기, 가루의 분량, 물온도 등의 조건이 달라지면, 가루층의 두께나 부풀어오르는 방식이 달라져서 추출속도에도 영향을 미친다. 미묘한 물줄기를 어느 정도 컨트롤할 수 있을 때까지는, 이러한 조건을 제대로 갖춘 균일한 조건에서 연습하는 것이 좋다.

이번 기본추출 방법은 총 추출시간이 3분 30초이지만, 1차 추출에서 뜸을 들이는 30초 동안은 서버에 거의 떨어지지 않으므로, 1분당 평균 100㎖의 속도로 추출한다는 계산이 나온다.

다만, 추출하는 동안 가루의 상태와 물의 흐름은 시시각각 변한다. 처음부터 마지막까지 일정한 속도가 아니라, 상태를 확인하면서 후반으로 갈수록 추출속도가 빨라지도록 컨트롤해야 한다.

포트로 물을 부을 때 유량(물줄기의 굵기와 속도)을 자유롭게 조절할 수 있다면, 「뜸들이기」를 마칠 때까지 정해진 대로 똑같이 물을 붓는다. 또한 3차 추출의 물붓기까지 커피에 필요한 성분이 대부분 추출된다는 사실을 기억해야 한다. 기본적으로 4차 추출 이후는 추출량의 조절이라고 생각해도 좋다. 4차 추출 이후부터는 유량을 조정하면서 기준 시간에 맞출 수 있게 주의한다.

e. 추출시간에 따른 맛의 컨트롤

바흐 블렌드의 기본추출을 바탕으로 추출시간을 3단계로 바꿔가며 추출한 커피맛의 변화를 살펴보기 위해「카페 바흐」방식의 커핑을 실시했다.

기본추출 조건

커피가루_ 바흐 블렌드
a. 배전도_ 조금 강하게 볶은 중강배전
b. 가루의 굵기_ 중간 굵기
c. 가루의 분량_ 2인분 24g
d. 물온도_ 83℃
f. 추출량_ 300㎖

━━ 추출시간 A_ 2분 40초(빠르게)
━━ 추출시간 B_ 3분 10초
━━ 추출시간 C_ 4분 00초(느리게)

프로의 추출이란?

- 가루의 여과층을 무너트리지 않고, 낭비 없이 유효한 맛성분을 추출한다.
- 가루 표면에 살짝 얹듯이 물을 부어서 가루가 흐트러지지 않게 한다.
- 투과 상태를 지켜보며 물줄기를 조정해서 물을 붓는다.

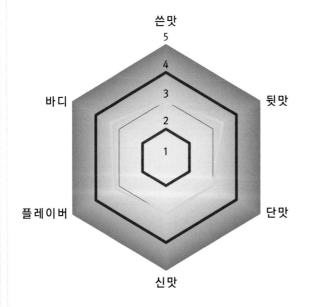

각각의 조건으로 커핑을 실시해서 5단계로 평가한다.

1에 너무 가까우면 추출을 유도하는 방향으로(=온도↑, 시간↑, 분량↑, 굵기↓ 등), 5에 너무 가까우면 추출을 억제하는 방향으로(=온도↓, 시간↓, 분량↓, 굵기↑ 등) 조금씩 조건을 다르게 한다.

조건을 바꿔서 추출했을 때의 커핑 노트

전체적인 느낌　　30~40초는 적정 추출시간 내의 차이이다. 균형 잡힌 상태에서 모든 맛이 같은 간격으로, 양호한 허용범위 안에서 맛의 차이를 보인다. 딱 적당한 맛이다.

추출시간 C(느리게)는 풍부하고 향이 진한 맛이다. 쓰고 떫은 맛, 잡미 등의 과다추출이 일어나지 않는다.
추출시간 A(빠르게)는 쓴맛이 살짝 약하지만, 양호한 범위 안이다.

손으로 물붓기를 세심하게 컨트롤하기란 매우 어려운 일이다.
하지만 물붓기를 확실히 조절할 수 있게 되면 가장 섬세한 맛의 컨트롤이 가능해진다.

f. 추출량

커피를 추출할 때 추출을 언제 멈출지, 다시 말해 추출량을 어떻게 설정할지도 맛을 결정하는 커다란 요소이다. 프렌치프레스 등의 침지식 커피에서는 규정량을 추출하면 그 후로 추출량이 변하지 않기 때문에 컨트롤할 수 없지만, 투과식의 드립 커피에서는 물붓기를 언제 멈출지에 따라 확실하게 컨트롤할 수 있다.

컨트롤하는 방법으로 서버에 눈금이 있는 경우에는 눈금을 바로 옆에서 확인한다. 눈금이 없는 서버도 있는데, 최근에는 드립용 저울(커피 저울)로 추출된 양을 측정하여 정확한 수치에서 멈추는 방법도 많이 사용한다. 카운터에 드리퍼, 저울에 올려놓은 서버를 진열해 놓은 커피숍도 있다.

커피가루의 분량과 추출량에 관해서 기본 수치가 제시된 드리퍼도 많다. 기본적으로 그 기준에 맞는 수치를 중심으로 커핑해 보면 차이를 잘 알 수 있다.

또한 추출량에 따른 맛의 변화는 알기 쉬우며, 원하는 양을 추출한 적정시점에서 각 성분의 농도와 밸런스로 커피맛이 결정되는데, 그 시점을 지나치면 나중에 서버 안에서 맛이 연해진다.

투과식(드립) 추출에서는 「추출량」이 늘어나면 녹아 나오기 어려운 성분의 비율도 높아진다. 즉, 잡미가 강해진다. 잡미가 강해지지 않는 적정범위 안에서 취향에 따라 농도를 조절한다는 생각으로 최상의 시점을 찾아야 한다.

다른 조건을 바꾸지 않고 추출량만 줄이거나 늘리는 것은, 같은 시간 안에 적게 추출할지 아니면 많이 추출할지를 조절하는 것이다. 적은 양을 추출하면 맛을 천천히 끌어낼 수 있으며, 많이 추출할 때는 물 붓는 양을 늘려야 하므로 추출 시에 물을 붓는 속도가 빨라진다.

f. 추출량에 따른 맛의 컨트롤

바흐 블렌드의 기본추출을 바탕으로 추출량을 3단계로 바꿔가며 추출한 커피맛의 변화를 살펴보기 위해 「카페 바흐」 방식의 커핑을 실시했다.

기본추출 조건

커피가루_ 바흐 블렌드
a. 배전도_ 조금 강하게 볶은 중강배전
b. 가루의 굵기_ 중간 굵기
c. 가루의 분량_ 2인분 24g
d. 물온도_ 83℃
e. 추출시간_ 3분 30초

—— 추출량 A_ 400㎖(많게)
—— 추출량 B_ 300㎖
—— 추출량 C_ 200㎖(적게)

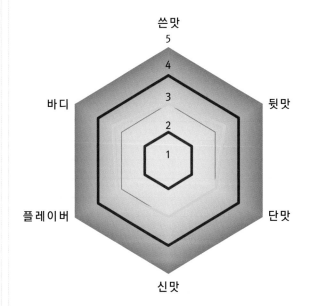

각각의 조건으로 커핑을 실시해서 5단계로 평가한다.

1에 너무 가까우면 추출을 유도하는 방향으로(=온도↑, 시간↑, 분량↑, 굵기↓ 등), 5에 너무 가까우면 추출을 억제하는 방향으로(=온도↓, 시간↓, 분량↓, 굵기↑ 등) 조금씩 조건을 다르게 한다.

조건을 바꿔서 추출했을 때의 커핑 노트

신맛

신맛을 끌어내는 방법이 포인트가 된다.
200㎖에서는 추출속도가 빨라지므로, 추출시간의 조건을 맞추려면 물을 천천히 붓는다.
대략적인 상관관계를 나타내는 차트에는 나오지 않지만, 실제로 200㎖일 때는 쓴맛(단맛)이 충분히 추출되지 않아 신맛이 난다.

전체적인 느낌

유량의 컨트롤에는 개인차가 없고, 수치대로 추출을 멈추면 되기 때문에 컨트롤하기 쉽다.
기본적으로는 전부 허용범위 안에 들어간다.
신맛을 어떻게 끌어낼지가 포인트이므로, 유량을 줄일 때는 물줄기를 가늘게 해서 추출속도를 늦추면 맛의 균형을 잡기 쉽다.
균형 잡힌 상태에서 농도를 높일 수 있다.

그림 26 | 투과식(드립)에서 맛성분의 추출모델

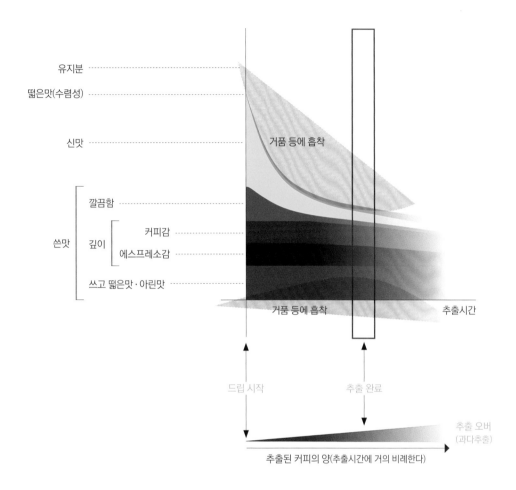

그래프로 알 수 있는 사실

- 드리퍼에서 나오는 액체는 기본적으로 초반일수록 농도가 진하다.
- 녹아 나오기 쉬운 성분(신맛·깔끔한 쓴맛 등)은 초반에 전부 빠져나오며, 나중에 서버 안에서 연해진다.
- 녹아 나오기 어려운 성분(쓰고 떫은 맛, 유지분 등)은 마지막까지 비교적 일정한 농도로 추출된다.
- 「커피감 있는(커피다운) 쓴맛(약배전~중배전)」과 「에스프레소감 있는(에스프레소처럼) 쓴맛(중배전~강배전)」 등은 추출하는 도중에 서서히 다 빠져나오며, 나중에 서버 안에서 연해진다.
- 원하는 양을 추출한(추출 완료) 후에 각 성분의 농도와 균형으로 커피맛이 결정된다.
- 대부분의 드립에서는 녹아 나오기 어려운 성분과 떫은맛의 일부가 거품 등에 달라붙어 제거되며, 쓰고 떫은 잡미가 줄어든다. 다만, 그와 동시에 깊이감과 유지분도 조금 줄어든다.

6가지 요소로 맛을 컨트롤한다

맛을 컨트롤하기 위한 추출 시의 「6가지 요소」에 대해서는 각 요소의 경향을 이해했을 것이다. 이러한 요소로 컨트롤이 가능하다는 것은 반대로 이러한 요소가 일정하지 않으면 맛의 불균형이 일어난다는 뜻이다.

즉, 재현성이 요구되며 원하는 맛을 항상 끌어내는 프로가 목표라면, 자신도 모르는 사이에 맛이 달라지거나 맛이 달라진 요인을 알아채지 못하면 안 된다. 그 이유를 알아낼 수 있어야만 비로소 의도한 대로 맛을 컨트롤할 수 있다.

이번 챕터의 첫머리에서도 이야기했지만 가루의 분량, 물온도, 추출량 등 수치를 정하여 정확히 계량하면 불균형을 줄일 수 있다. 나아가 가루의 굵기를 균일하게 맞추려면 그라인더 자체를 정밀한 제품으로 바꾸고 관리를 게을리하지 말아야 하며, 미분 등의 미세한 부분에도 세심한 주의를 기울여야 한다.

페이퍼 드립으로 추출에 성공하려면, 이러한 6가지 요소와 더불어 뜸들이기가 충분히 이루어졌는지도 중요하다. 모든 요소를 균일하게 갖췄는데도 추출이 순조롭지 않다면, 추출의 기본으로 돌아가 원두의 신선도나 뜸들이기 상태 등 기본적인 요소를 확인해야 한다.

6가지 요소의 경향을 파악하여 조정한다

●

6가지 요소와 커피맛은 대략 **그림 27**과 같은 관계성을 갖는다. 먼저 이 그림을 머릿속에 넣어둔다.

커피에 포함된 맛에는 신맛, 깔끔한 쓴맛, 깊이 있는 쓴맛, 날카로운 쓴맛, 탄맛, 떫은맛, 단맛 등 다양한 성분이 있지만, 그중에서도 커피맛에 가장 큰 영향을 끼치는 신맛과 쓴맛에 주목하면 신맛성분은 녹아 나오기 쉽고, 쓴맛은 녹아 나오기 어렵다.

여기서 6가지 요소, 신맛, 쓴맛의 관계성은 **그림 27**의 상단과 하단의 두 가지 패턴으로 나뉜다.

먼저 상단의 3가지 요소를 살펴보자. 배전도, 가루의 굵기, 물온도는 각 요소가 강해질수록 쓴맛이 강해지며, 신맛은 약해진다. 추출되는 쓴맛과 신맛의 관계성이 상반되며, 여기서 단맛을 끌어내려면 이들 조건을 솜씨 좋게 이용해 쓴맛과 신맛의 적당한 밸런스를 맞춰야 한다.

한편, 하단의 3가지 요소인 가루의 분량, 추출시간, 추출량은 조건을 바꿨을 때 변화하는 방향을 비교적 알기 쉽다. 각 요소가 강해짐에 따라 쓴맛과 신맛도 비례해서 강해진다는 대략적인 이미지를 그려두면 좋다.

6가지 요소를 조정할 때 이 법칙을 떠올리며 시험해보면 대체로 맛을 예측하기 쉬우며, 각 요소를 컨트롤할 때 지표가 된다. 음악에서 사용하는 이퀄라이저와 같은 기능이다. 원하는 맛에 가까워지도록 각각의 요소를 어느 레벨에 맞춰서 어떻게 밸런스를 잡아야 좋을지 조정한다.

그림 27 │ 커피맛과 추출 조건

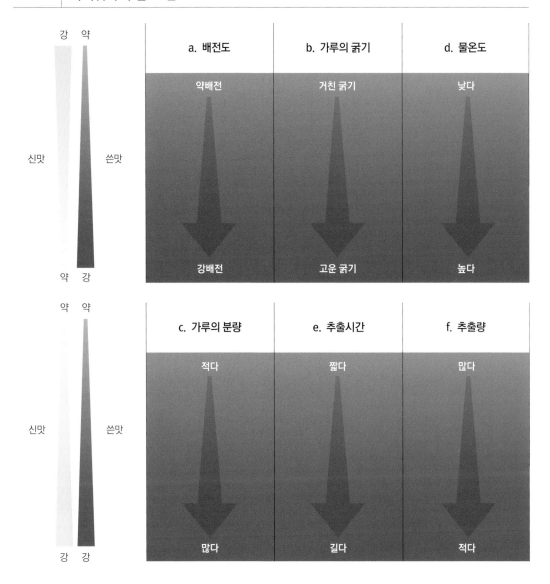

또한 이들 중 몇 가지 맛의 농도가 「바디」가 되어 맛 전체에 풍부함을 더한다. 「바디」는 맛의 복잡성과 지속성으로 생겨난다. 단베 유키히로는 「바디」에 관해 이렇게 설명한다.

"처음에 느낀 한 가지 맛뿐이라면 '이런 맛이구나' 하고 수용하거나 예상할 수 있지만, 나중에 다른 맛을 느끼면 '어리?' 하고 놀라게 된다. 여러 가지 성분을 포함하고 있으면, 각 성분이 입안에서 어떻게 타액으로 흘러가느냐에 따라 느끼는 맛도 달라진다. 그렇게 심오한 맛을 느끼면 그 커피는 「바디」가 있다고 인식하게 된다. 즉, 「바디」란 단순히 성분의 복잡성뿐만 아니라, 그 지속성과 맛을 감지하는 시간과도 연관된다. 성분의 복잡성을 머릿속에서 우리가 어떻게 인식하는지도 생각해봐야 한다."

6가지 요소로
정확한 맛을 추구한다

●

이 책을 쓸 무렵, 다양한 조건에서 커피를 추출하고 커핑을 실시해 맛의 변화를 기록했다. 그 결과를 바디와 뒷맛이 포함된 항목들의 방사형 차트로 나타냈는데, 단베 유키히로의 도움을 받아 더 통계적으로 분석한 결과 **그림 28**과 같은 그래프가 만들어졌다. 추출 조건을 바꾸어 맛을 어떻게 컨트롤할 수 있는지 이 그림으로 이해할 수 있다.

크게 나누어 신맛과 쓴맛의 밸런스라는 점은 앞 내용과 같지만, 쓴맛을 끌어내는 조건에서는 전체를 종합한 바디와 뒷맛 등도 풍부해진다. 이러한 쓴맛과 바디, 뒷맛 등의 강도로 맛에 대한 인상이 60% 결정되고, 나머지 20%가 신맛의 강도로 결정된다. 즉, 이러한 대략적인 이미지에 따라 추출하면 맛 전체의 80% 정도를 컨트롤할 수 있다.

남은 20%는 **그림 28**에 표시하지 못한 단맛과 플레이버의 요소이다. 이 둘은 맛 전체의 강도에 비례하여 변화하지만, 다른 요소처럼 단순히 도식화하기는 어렵다. 6가지 요소 중에서 일정하게 영향을 끼치는 조건은 가루의 굵기와 온도이다. 가루의 굵기와 온도를 바꿔서 쓴맛과 신맛이 적당히 균형을 이루었을 때, 단맛을 가장 잘 느낄 수 있다.

또한, 이번 커핑에서는 떫은맛과 아린맛 등 마이너스 요인에 관해서는 기록하지 않았다. 어디까지나 「좋은 커피」라고 부를 수 있는 스트라이크존 안에서 맛을 컨트롤하는 것이 전제이다. 스트라이크존 안에서 미세 조정으로 정중앙을 노릴 것인지, 아슬아슬하게 테두리를 노려서 놀라게 할 것인지가 문제다.

한편, 맛의 대부분을 결정하는 배전도는 컨트롤에서 특히 중요하게 다루어야 한다. 기본추출에서 배전도 차이에 따른 맛의 변화를 p.73의 **그림 29**로 파악해두는 것도 잊지 말아야 한다. 다양한 맛을 어떤 밸런스로 뽑아낼 것인가? 6가지 요소의 법칙을 염두에 두면서 강약 조절을 확인하기 바란다.

그림 28 | **맛의 컨트롤을 표현한 대략적인 이미지**

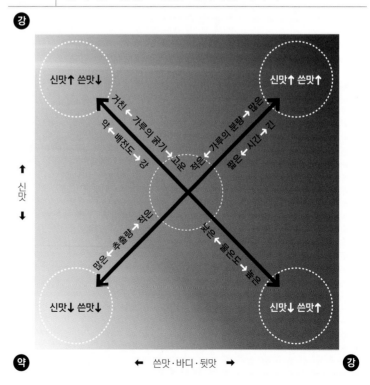

그림 29 | 배전도가 다른 원두의 추출과 맛의 관계

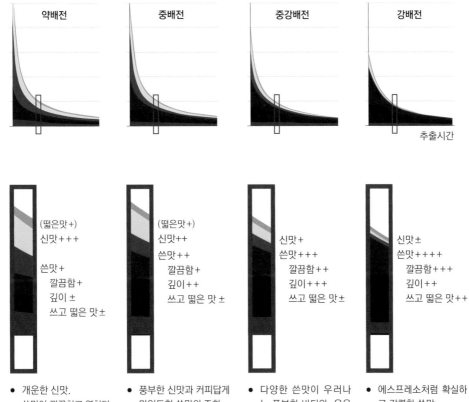

약배전
- 개운한 신맛.
- 쓴맛이 깔끔하고 연하다.
- 거품이 되는 성분이 적으며, 유지는 액체 표면에 종종 기름방울로 분리된다.

중배전
- 풍부한 신맛과 커피답게 마일드한 쓴맛의 조화.

중강배전
- 다양한 쓴맛이 우러나는 풍부한 바디와, 은은한 신맛의 조화.

강배전
- 에스프레소처럼 확실하고 강렬한 쓴맛.
- 신맛이 매우 약하다.
- 거품의 원인이 되는 성분이 많으며, 유지가 유화되어 녹아 나오기 쉽다.

그래프에서 알 수 있는 사실

- 배전도에 따라 추출한 맛의 밸런스가 어느 정도 결정된다.
- 약배전은 강배전보다 신맛이 많이 추출되며, 강배전은 약배전보다 쓴맛과 바디감이 많이 추출된다.
- 신맛과 쓴맛의 추출 밸런스가 좋은 중배전과 중강배전에서 단맛이 가장 두드러진다.

※ 그래프는 가루의 양과 분쇄도를 똑같이 했을 때의 간단한 시뮬레이션 결과이다.

CHAPTER 03

다양한 도구를 이용한 추출

도구의 특징을 살려서 미세하게 조정한다

추출도구는 다양한 구조와 형식을 지니고 있다.

컨트롤의 자유도가 높은 페이퍼 드립을 중심으로,

다양한 도구의 특징을 살펴보고, 그 도구를 활용한 추출을 이해한다.

기본적으로 각 도구의 특성을 파악한 후에

앞 chap. 2의 6가지 요소로 컨트롤하고 미세하게 조정하면

좋아하는 맛에 꽤 가까워질 수 있다.

여기에서는 「다양한 도구로 추출하는 방법」을 알아본다.

추출도구의 차이

이 책에서는 페이퍼 드립 추출을 컨트롤하는 법칙을 명확히 설명하고 있다. 지금까지는 추출이론을 살펴봤고, 이제 실전편으로 들어가는 입구에 이르렀다.

다양한 추출도구에 어떠한 특징이 있는지 살펴보자. 각 드리퍼의 특징을 살려 기본적으로 제조사에서 추천하는 조건으로 추출했을 때, 어떤 조합의 맛이 탄생할지 실제로 확인할 것이다.

지금 커피업계에서는 페이퍼 드립의 장점이 다시 주목받고 있으며, 「융 드립과 페이퍼 드립 중 어느 쪽이 더 나은가」하는 예전의 논쟁은 과거의 유물이 되었다. 각각의 추출도구와 드리퍼마다 개성이 있고, 그 도구를 어떻게 잘 활용할 것인가로 관점이 바뀐 시대가 온 것이다.

추출도구에는 침지식과 투과식(여과식)이 있다는 것을 chap. 1에서 짧게 다루었다. 복습해보면 침지란 커피를 뜨거운 물에 담그는 것이고, 투과란 커피가루로 층을 만들어 뜨거운 물을 통과시키는 것이다. 양쪽 모두 물에 담그거나 물이 통과하는 동안, 커피가루의 성분이 뜨거운 물로 이동하여 커피가 된다.

사이펀식, 프레스식, 달임식 등은 침지식에 가까우며, 드립식과 에스프레소 등은 투과식에 가깝다. 하지만 양쪽 요소를 동시에 지닌 도구도 많아 일률적으로 나눌 수는 없다.

드리퍼의 개성에 근거한 컨트롤

●

페이퍼 드립만 해도 드립식이기에 전부 투과식인가 하면 꼭 그렇지도 않다. p.77의 **그림 30**에 예를 든 것은 아주 일부분으로, 페이퍼 드립에도 다양한 종류가 있다.

각 드리퍼의 구멍 개수와 구멍 크기, 리브 높이 등 구조적 차이에 따라, 그리고 그 드리퍼와 세트로 사용하는 종이필터의 섬유밀도나 두께 등에 따라, 물을 붓고 서버로 흘러나오기까지의 시간에 큰 차이가 생긴다. 이것이 각 드리퍼의 개성이다.

chap. 2에서 살펴보았듯이 맛을 결정하는 법칙에는 6가지 요소가 있는데, 그중에 추출시간이라는 항목이 있다. 즉, 드리퍼가 다르면 6가지 요소 중 하나의 조건과 관련된 추출속도가 상당히 달라지는 점을 고려해야 한다.

맛의 컨트롤은 각 드리퍼의 개성을 이해한 후에야 비로소 성립한다.

페이퍼 드립은 1908년 독일 드레스덴에 사는 멜리타 벤츠(Melitta Bentz)가 고안했다. 당시에는 천이나 철망을 이용해 커피를 추출했는데, 더 손쉽게 추출할 방법을 찾다가 생각해냈다고 한다. 멜리타식은 구멍(추출구)이 1개이며, 물붓기도 1번에 끝난다. 순서도 간단해서 누구든 안정적으로 추출할 수 있는 드리퍼였다.

그 후 100년이 지난 지금, 다양한 유형의 드리퍼가 탄생했다. 형태로 크게 나누면, 「카페 바흐」에서 사용하는 스리 포(Three For)와 칼리타식, 멜리타식 등의 사다리꼴 드리퍼가 있으며, 하리오와 고노,

그림 30 │ 추출도구와 유출속도

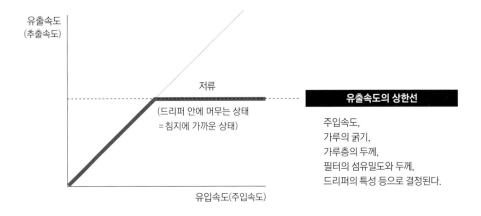

유출속도
(추출속도)

저류

(드리퍼 안에 머무는 상태
=침지에 가까운 상태)

유출속도의 상한선

주입속도,
가루의 굵기,
가루층의 두께,
필터의 섬유밀도와 두께,
드리퍼의 특성 등으로 결정된다.

유입속도(주입속도)

실제의 예

(유출속도 = 추출속도)

느리다 ──────────────────► 빠르다

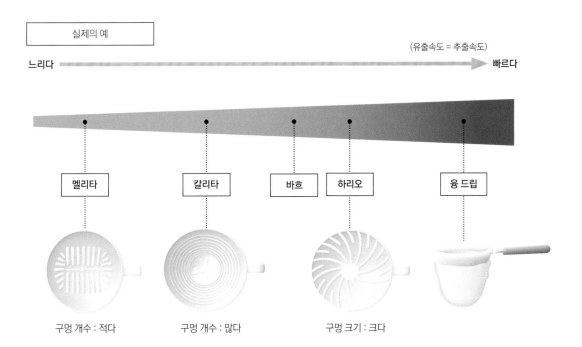

| 멜리타 | 칼리타 | 바흐 | 하리오 | 융 드립 |

구멍 개수 : 적다　　　구멍 개수 : 많다　　　구멍 크기 : 크다

드리퍼 하나만 봐도 구멍 개수와 크기, 리브
높이 등에 따라 커피액의 유출속도가 달라
진다. 여기에 가루의 분쇄도나 필터의 섬유
밀도 등이 영향을 미치므로 한층 더 복잡해
진다.

서버와 일체형인 케멕스 등의 원추형 드리퍼가 있다. 드리퍼를 옆에서 보면 그 형태의 특징을 알 수 있다.

또한, 구멍 개수로 구분하면 구멍이 3개인 칼리타식이 유명하지만, 최근 구멍이 한 줄로 나 있지 않고 넓어진 바닥에 삼각형으로 배치된 칼리타 웨이브가 등장했다. 종이필터도 원형인 것을 물결무늬로 성형하여 공기가 쉽게 빠져나가게 되어 추출이 빨라졌다. 그 중간에는 구멍이 2개인 드리퍼(산요산업)도 있으며, 드리퍼마다 장점이 다르다.

드리퍼의 차이는 리브에서도 찾아볼 수 있다. 리브는 드리퍼 내부의 요철(볼록하게 튀어나온 부분)을 말한다. 리브는 드리퍼와 종이필터가 밀착되지 않게, 공기가 빠져나가는 길을 확보하는 데 매우 중요한 역할을 한다. 그런 리브 형태에 따라 드리퍼의 기능에도 큰 차이가 생긴다.

구멍이 1개지만 구멍 크기가 큰 제품도 많아졌다. 70년대에 고안한 고노의 원추형 드리퍼를 시작으로 하리오의 V60, 산요산업의 플라워 등이 출시됐다. 이러한 드리퍼는 페이퍼 드립으로 융 드립의 특징에 얼마나 가까워질 수 있는가에 대한 도전이다.

"물이 최대한 두꺼운 가루층을 통과하도록, 드리퍼의 각도를 깊게 만들고 리브를 높게 해서 공기가 빠져나갈 길을 확보한다. 구멍을 크게 설계한 것도 추출액을 원활하게 떨어뜨리기 위해서다. 그 점이 융 드립과 비슷하기 때문이다." (단베 유키히로)

이 추출도구는 침지식일까 투과식일까

●

추출에 사용하는 도구가 침지식일까? 투과식일까? 양쪽 특징을 모두 지녔다면 어느 쪽에 가까울까? 물 붓는 횟수는 몇 번이 좋을까? 이 드리퍼로 추출하면 어떤 맛이 나올까? 각각의 물음에 관한 간단한 시뮬레이션을 p.79의 **그림 31**에 대략적으로 정리했다.

물 붓는 횟수와 물 붓는 방식 등이 제품마다 다른 이유는 드리퍼 자체가 개발자가 의도한 특징을 갖기 때문이며, 사용설명서 등에 그 특성을 제대로 살리는 방법을 추천하고 있다. 그 방법부터 시작하여 도구의 특성을 파악하고 기능을 최대한 끌어내는 추출을 찾아내기 바란다. chap. 2의 추출법칙을 이해하면 어떤 추출도구로도 맛을 컨트롤할 수 있다.

그림 31 | 추출도구와 맛의 관계

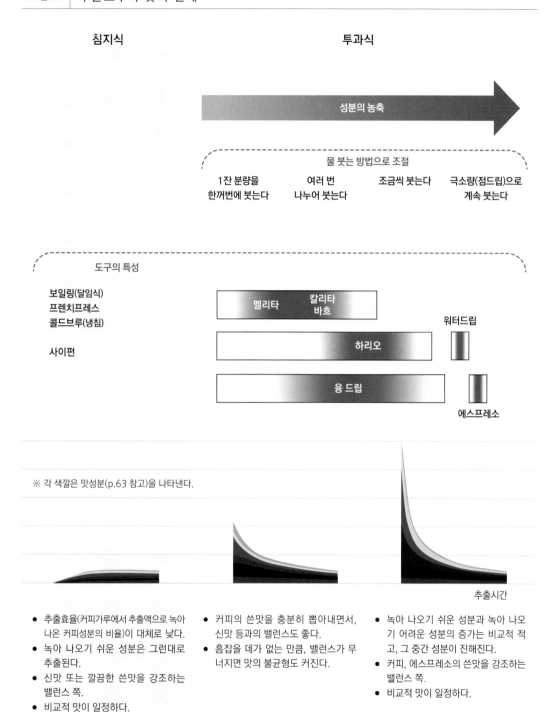

침지식 　　　　　　　　　　　　　투과식

성분의 농축

물 붓는 방법으로 조절

| 1잔 분량을 한꺼번에 붓는다 | 여러 번 나누어 붓는다 | 조금씩 붓는다 | 극소량(점드립)으로 계속 붓는다 |

도구의 특성

보일링(달임식)
프렌치프레스
콜드브루(냉침)

사이펀

멜리타　칼리타 바흐

하리오

융 드립

워터드립

에스프레소

※ 각 색깔은 맛성분(p.63 참고)을 나타낸다.

추출시간

- 추출효율(커피가루에서 추출액으로 녹아 나온 커피성분의 비율)이 대체로 낮다.
- 녹아 나오기 쉬운 성분은 그런대로 추출된다.
- 신맛 또는 깔끔한 쓴맛을 강조하는 밸런스 쪽.
- 비교적 맛이 일정하다.

- 커피의 쓴맛을 충분히 뽑아내면서, 신맛 등과의 밸런스도 좋다.
- 흠잡을 데가 없는 만큼, 밸런스가 무너지면 맛의 불균형도 커진다.

- 녹아 나오기 쉬운 성분과 녹아 나오기 어려운 성분의 증가는 비교적 적고, 그 중간 성분이 진해진다.
- 커피, 에스프레소의 쓴맛을 강조하는 밸런스 쪽.
- 비교적 맛이 일정하다.

※ 각 추출도구를 「투과식」과 「침지식」으로 명확하게 구분할 수는 없다. 어디까지나 도구에 따라 「이런 맛이 추출된다」는 기준일 뿐이다.
※ 가루의 양과 분쇄도를 똑같이 설정했을 때의 간단한 시뮬레이션 결과이다. 사이펀은 여과할 때, 투과의 영향을 조금 받을 수 있다.

도구에 따른 추출 방법

이번에는 다양한 추출도구의 특색을 파악해서 실제로 추출해보고, 그 맛에 대해 생각해보자. 여기서 다루는 도구는 다음과 같다.

페이퍼 드립

구멍 1개(대) ┈┈ 원추형 ┈┈ 투과식 ┈┈ 하리오 V60

구멍 3개 ┈┈ 사다리꼴 ┈┈ 투과식 ┈┈ 칼리타 웨이브

구멍 1개(소) ┈┈ 침지에 가까운 투과식 ┈┈ 멜리타

그 외

융 ┈┈ 투과식

금속필터 ┈┈ 투과식

프렌치프레스 ┈┈ 침지식

각각의 도구에 대해 드리퍼의 구조와 그 구조에 따른 맛의 영향, 도구를 개발할 때 타깃을 어떻게 정했는지 등을 제조사에 직접 취재했다. 또한, 실제 추출순서를 촬영해서 그 과정을 명확히 밝혔다.

여기서 다루는 추출도구는 완전한 침지식인 프렌치프레스를 제외하면 기본적으로 모두 투과식이다. 즉, 물이 커피가루층을 통과해 드리퍼에서 떨어져 커피액이 되기까지, 커피가루의 성분이 물로 어떻게 이동하는지가 핵심이다.

드리퍼에 따라 모양, 구멍 개수, 구멍 크기 등 구조적인 차이가 조금씩 존재하는데, 페이퍼 드립이든 융 드립, 금속필터이든 chap. 2의 6가지 요소로 따져보면, 드리퍼의 영향을 가장 많이 받아 변하는 요소는 추출시간(속도)이다.

추출속도는 드리퍼의 형태, 종이의 조직과 밀도, 표면의 질감, 융필터의 천, 금속필터의 막힘 현상 등에 따라 달라진다.

나머지 요소는 똑같은 조건으로 맞출 수 있다. 「카페 바흐」의 기본추출과 완전히 같은 조건으로 배전도, 가루의 굵기, 가루의 분량, 물온도, 추출량을 맞추고, 똑같은 방법으로 물을 부어 드립한다. 이때 추출시간의 차이를 확인하고 추출한 커피액을 커핑하면, 추출속도와 맛의 차이가 명확해진다. 조건만 갖춰진다면 간단한 작업이므로 각자 꼭 시험해보기 바란다.

커피맛은 복잡하게 구성되며, 이제까지 여러 번 이야기한 맛의 스트라이크는 정확히 한 지점의 맛을 뜻하는 것이 아니다. 커피에는 일정한 범위의 스트라이크존이 존재하며, 그 범위 안의 어디로 던져 넣을 것인가도 중요한 주제이다.

다만 이번에는 드리퍼의 설계 컨셉을 우선하여, 기본적으로 제조사에서 추천하는 조건을 바탕으로 각 드리퍼의 추출을 시도해보았다.

그 다음에 chap. 2와 같은 힝목으로 커핑을 실시했다. 결과를 방사형 차트로 나타내면 각 드리퍼가 지닌 특성이 분명해진다.

같은 차트 안에 표시한 기준선은 「카페 바흐」의 기본 조건으로 추출한 커피를 나타낸다. 그 기준선은 「카페 바흐」에서 사용하는 스리 포(산요산업)로 추출한 결과이므로, 다른 요소와 단순히 비교할 수는 없다. 어디까지나 기준으로 참고하기 바란다.

드리퍼에 따라서 「카페 바흐」의 기본추출과 다른 조건을 추천하는 제품도 많은데, 그 이유 중 하나로 시장에서 판매하는 대부분의 원두가 일정한 조건으로 갓 로스팅한 커피가 아니라는 점을 들 수 있다. 특히 권장하는 온도가 높은 것은, 어떤 상태의 원두라도 일정 수준으로 맛있게 추출하는 것을 목표로 하기 때문이다.

스페셜티 커피가 주목받은 이후로, 스페셜티에 한정되지 않고 생두와 원두의 품질이 높아지고 있다. 커피콩의 크기 등도 제법 가지런하고 상태가 좋은 것들이 시장에 나오게 되었다. 하지만 「갓 로스팅한 원두」를 손에 넣기란 아직도 어려운 일이다. 드리퍼의 개발은 배전도나 원두의 신선도와 관계없이 최대한 간단하게, 맛있는 커피를 추출하기 위해 연구한 결과로 봐도 좋다. 배전도나 원두의 신선도 등에 대해서는 되도록 폭넓은 스트라이크존을 가질 수 있도록 설정하고 있다.

물론 이 책의 주제는 페이퍼 드립의 추출이지만, 투과식 추출도구로서 페이퍼 드립의 전신으로 볼 수 있는 융 드립, 그리고 주목받고 있는 금속필터로도 추출 커핑을 실시했다.

프렌치프레스는 뜨거운 물에 커피가루를 담가서 추출하는 완전한 침지식 추출법이지만, 침지식에서도 6가지 요소로 맛의 컨트롤이 가능하므로 함께 다루고 있다.

이러한 추출에 관한 고찰은 도구의 「좋고 나쁨」을 따지는 것이 아니다. 각 도구를 설계한 의도를 이해하고 그 특징과 개성을 더 자세히 파악해서 원하는 맛을 뽑아내기 위한 힌트를 얻는 것이 목적이다.

예전에 무심코 산 추출도구가 잠들어 있을지 모른다. 지금 다시 꺼내어 제조사와 형태를 확인하고, 그 특성을 살려서 6가지 요소를 조절해가며 추출해보자. 또 다른 맛을 즐길 수 있을 것이다.

이런 사항들을 염두에 두고 각 드리퍼의 구조와 추출에 관해 설명하겠다.

a. 페이퍼 드립
원추형 / 구멍 1개 / 하리오 V60

원추형으로 구멍(추출구)이 1개인 이 드리퍼는 구멍의 크기가 크며, 원추형 종이필터의 끝이 드리퍼의 구멍 아래로 빠져나오는 깃이 특징이다.

이러한 타입으로 하리오 V60, 산요산업의 플라워 드리퍼, 고노 등이 있다. 원추형이고 구멍이 1개인 드리퍼가 의도하는 컨셉은 커피의 여과층을 깊게 만드는 것으로, 페이퍼 드립에 융 드립의 장점을 도입했다.

원추형이며 커다란 구멍이 1개인 점은 똑같지만, V60은 안쪽에 나선형의 긴 리브가 있으며, 플라워는 위에서 보면 꽃처럼 보이는 리브가 있다. 양쪽 모두 종이필터와 드리퍼의 접촉면이 작으며, 투과속도를 컨트롤하기 쉽다. 물 붓는 속도를 빠르게 하면 커피액의 추출도 빨라지며, 조금씩 천천히 물을 부으면 천천히 추출할 수 있다.

한편, 고노식은 프로용으로 개발된 드리퍼로 안쪽의 하반부에만 리브가 있으며, 상부에는 리브가 없다. 종이가 상부에 밀착되어 커피 추출액이 스며 나오지 않는 구조로 만들어졌다. 추출 방법도 다른 드리퍼와 다르게 독자적이다. 처음에는 물을 한 방울씩 떨어트려서 천천히 추출한다. 그 다음 불순물이나 미분을 거품에 흡착시켜 상부에서 모으고, 하부에서 원하는 성분만 빠져나오게 하는 구조이다. 추출 후반에 물 붓는 속도를 높일 때도 상부와 하부가 섞이지 않도록 조심스럽게 물을 부어야 한다.

여기서는 하리오 V60에 집중해서 실제 추출과 커핑의 결과 등을 살펴보자.

플라워 드리퍼(산요산업)는 원추형으로 구멍이 1개이며, 리브의 모양이 독특해서 위에서 보면 꽃처럼 보인다. 꽃잎 모양은 신선한 커피가 부풀어오르는 것을 방해하지 않으면서 융 드립의 구조에 가까워지기 위한 것이다.

하리오 V60 드리퍼의 구조

하리오 V60은 원추형으로 구멍이 1개이다. 큰 구멍 밖으로 원추형 종이필터가 빠져나온다. 드리퍼를 위에서 보면, 완만한 나선형 곡선의 리브가 상부에서 구멍까지 이어진다. 정식명칭은 V60 투과 드리퍼로,「스파이럴 리브(Spiral rib)」라고 불리는 리브가 투과를 원할하게 만들어서 추출속도를 자유롭게 컨트롤할 수 있다.

추출 방법은 p.32의 기본추출과 같다. 1차 추출의 물붓기로 뜸을 들이고, 이후 드리퍼의 물이 다 떨어지기 전에 2차 추출, 3차 추출을 해서 원하는 추출량을 얻을 때까지 물을 붓는다.

하리오 V60의 추출

1차 추출 **1**

뜸들이기 **2**

2차 추출 **3**

2차 추출 마무리 **4**

3차 추출 **5**

4차 추출 마무리 **6**

하리오 V60 추출 커핑

하리오 V60으로 추출한 커피맛을 카페 바흐의 방식으로 커핑했다(제조사의 추천 범위가 넓은 경우에는 바흐 블렌드의 기본추출 조건으로 설정).

추출 조건

커피가루_ 바흐 블렌드
a. 배전도_ 조금 강하게 볶은 중강배전
b. 가루의 굵기_ 중간 굵기(5.5)
c. 가루의 분량_ 2인분 24g
f . 추출량_ 300㎖
※ 제조사 추천은 240㎖

바흐의 기본추출과 다른 조건
d. 물온도_ 93℃
e. 추출시간_ 2분 45초(4차 추출로 종료)

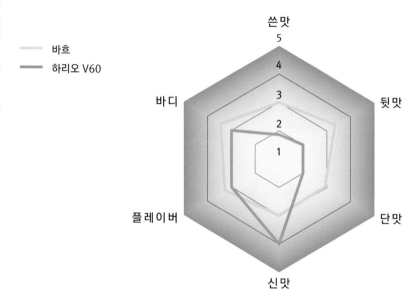

추출한 커피의 커핑 노트

뒷맛
단맛
쓴맛
「카페 바흐」에서 사용하는 드리퍼 스리 포보다 물이 빠르게 떨어져서 확실히 약하게 추출된다.

플레이버
바디
플레이버와 바디 모두 적당히 풍부하다.

신맛
신맛이 더 강하다.

전체적인 느낌
투과가 원활하며 폭넓은 배전도에 활용할 수 있다. 전체적인 인상으로는 커피의 플레이버와 신맛이 먼저 느껴진다. 추출시간이 짧으며, 맛있는 성분만 추출된다.
가루의 분량을 조금 늘리거나 온도를 조금 낮추면, 후반에 나오는 쓴맛 등도 추출되어 뒷맛과 단맛도 느낄 수 있다.

a. 페이퍼 드립

사다리꼴 / 구멍 3개 / 칼리타 웨이브

칼리타는 구멍 3개가 나란히 나 있는 기존 드리퍼가 유명하지만, 현재는 드리퍼 바닥 면적을 1.45배 늘리고 삼각형으로 구멍을 배치한 「웨이브(Wave)」가 이름을 알리고 있다.

웨이브라는 이름에서 알 수 있듯이 드리퍼와 세트로 사용하는 종이필터에 큰 특징이 있다. 다른 드리퍼의 종이필터는 드리퍼에 세팅하기 전에는 평면이며, 접어서 사용하는 것이 대부분이다. 그런데 웨이브 전용 종이필터는 큰 원추형 종이에 20개의 주름을 만들어 입체적으로 성형해서, 추출 전에 접을 필요 없이 그대로 드리퍼에 올리기만 하면 된다.

설계 컨셉은 추출속도가 빠르고 깔끔하게 마실 수 있는 커피다. 20개의 주름이 공기가 빠져나가는 길을 만들어, 원심형으로 물이 균일하게 퍼져나가 투과시키는 이미지이다. 물이 떨어지는 속도가 빠르며 추출 후의 커피액은 잡미가 적다.

블렌드가 아닌 단품의 원두(싱글오리진, 스트레이트)나 약배전의 원두를 즐기는 사람이 늘어나고 있다. 이런 경우에는 물이 빠르게 빠져야만 각각의 원두가 지닌 장점을 뽑아낼 수 있다. 실제로 다양한 종류의 원두 그리고 약배전에서 강배전에 이르기까지, 커피콩의 차이가 명확하게 드러난다.

기술에 의존하는 부분이 비교적 적어서 가정용으로 사용하기에도 알맞다. 가정에서 레귤러커피(원두커피) 소비량이 늘고 있는 요즘, 드립 커피에 익숙하지 않은 사람도 안정적이고 효율적으로 추출할 수 있으며, 커피맛을 그대로 즐길 수 있는 드리퍼라고 할 수 있다.

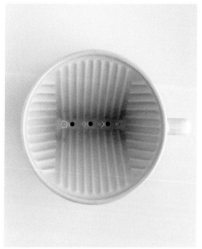

칼리타의 HA102 드리퍼. 「하사미(HASAMI)」는 나가사키현의 하사미야키 도자기 시리즈이다. 잡미가 나오기 전에 맛있는 성분만 뽑아내는 구멍이 3개인 구조이다. 구멍 3개가 나란히 뚫린 기존 드리퍼도 여전히 사용된다.

칼리타 웨이브 드리퍼의 구조

칼리타 웨이브는 사다리꼴 형태이며, 구멍(추출구)이 3개이다. 물결모양을 이루고 있는 20개의 주름이 공기가 빠져나가는 길을 만들어, 물이 효율성 있게 원형으로 퍼지면서 추출된다. 드리퍼와 종이필터를 함께 사용해야 드리퍼로 성립하는 구조이다. 바닥에는 구멍 3개, 그리고 종이가 바닥에 달라붙지 않게 하는 돌기가 있다.

추출 방법은 p.32의 기본추출과 같다. 1차 추출의 물붓기로 뜸을 들이고, 이후 드리퍼의 물이 다 떨어지기 전에 2차 추출, 3차 추출을 해서 원하는 추출량을 얻을 때까지 물을 붓는다.

칼리타 웨이브의 추출

1차 추출 **1**

뜸들이기 **2**

2차 추출 **3**

2차 추출 마무리 **4**

3차 추출 **5**

4차 추출 마무리 **6**

칼리타 웨이브 추출 커핑

칼리타 웨이브 제조사의 추천 조건으로 추출한 커피맛을 「카페 바흐」 방식으로 커핑했다(제조사의 추천 범위가 넓은 경우에는 바흐 블렌드의 기본추출 조건으로 설정).

추 출 조 건

커피가루_ 바흐 블렌드
a. 배전도_ 조금 강하게 볶은 중강배전
b. 가루의 굵기_ 중간 굵기(5.5)
c. 가루의 분량_ 2인분 24g
f . 추출량_ 300㎖

바흐의 기본추출과 다른 조건
d. 물온도_ 92℃
e. 추출시간_ 2분 59초(4차 추출로 종료)

바흐
칼리타

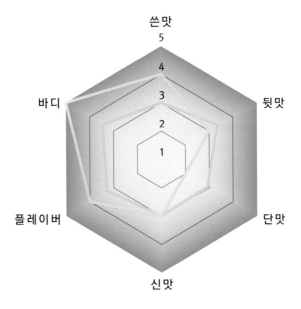

추 출 한 커 피 의 커 핑 노 트

플레이버
바디·깊이감 } 모두 확실히 추출된다. 풍부하다.

단맛 그다지 느껴지지 않는다.

신맛 적당한 신맛.

전체적인 느낌 추출속도가 빨라져서 막힐 염려가 적으며, 원두의 상태에 크게 좌우되지 않고 추출할 수 있다. 하지만 물온도가 높아서 단맛이 그다지 느껴지지 않는다.
배전도에 따른 컨트롤이 쉬워서, 취향대로 신맛을 내고 싶을 때는 중배전, 쓴맛을 내고 싶을 때는 강배전 원두를 사용하면 좋다.

a. 페이퍼 드립

사다리꼴 / 구멍 1개 / 멜리타

세계 최초로 개발된 페이퍼 드립은 20세기 초, 독일의 주부 멜리타 벤츠(Melitta Bentz)가 고안하였다. 당시 독일의 가정에서는 졸아들기 쉬운 퍼컬레이터나 손질이 번거로운 융 드립, 미분이 섞이기 쉬운 모카포트의 원형 등이 일반적이었다. 이에 불만을 느낀 그녀는 놋쇠 포트의 바닥에 못으로 구멍을 뚫고, 그 위에 잉크를 빨아들이는 종이를 깔아 추출하는 방법을 생각해냈다. 그렇게 간편하고 맛있는 커피를 내리게 된 데서 설립한 회사가 현재의 멜리타이다. 그 후로도 타사보다 앞서 「드리퍼의 표준」을 만들어왔다.

현재 멜리타의 드리퍼는 사다리꼴 형태이며, 바닥 중앙에 작은 구멍(추출구)이 1개 나 있다. 「1개의 구멍」 방식으로 통일한 것은 1960년대이다. 그 전에는 구멍을 여러 개(3~8개) 뚫은 드리퍼가 많았다. 즉, 일부러 구멍을 1개로 만들어서 드리퍼에 물이 머무르기 쉽게 「개량」했다. 다른 드리퍼가 물 붓는 방법으로 추출속도를 섬세하게 조절하도록 설계된 데 비해, 멜리타는 목표량의 물을 한 번에 붓도록 설계되었다. 목표량의 물을 한 번에 붓고 드리퍼에서 다 빠져나오는 동안 커피가 추출되도록 조정했기 때문에, 초심자도 능숙하게 커피를 내릴 수 있다. 다만 다른 드리퍼와 비교해 침지식에 가까운 추출이 된다.

전용 종이필터인 「아로매직 내추럴 브라운(Aromagic natural brown)」에는 커피의 아로마성분을 추출할 수 있도록, 멜리타에서 독자 개발한 초미세 「아로마 홀」이 뚫려 있다. 제조사의 설명에 따르면, 물을 붓자마자 나오는 높은 품질의 아로마와 추출 초반에 많이 나오는 성분이 더 원활하게 빠져나온다고 한다. 접합 부분이 2중이며, 일반 필터의 종이에 비해 튼튼하다. 또한, 일본 최초로 세계 산림 보전 활동을 추진하는 비영리단체 FSC의 인증을 받았다.

멜리타 드리퍼의 구조

멜리타의 드리퍼는 사다리꼴 형태이며, 구멍(추출구)이 1개이다. 원추형과 다르게 구멍이 작아서 침지식에 가까운 투과식이다. 1~2잔용인 1×1은 리브가 상반부까지, 2~4잔용인 1×2는 리브가 하반부에만 있으며(사진은 1×2), 바닥 부분은 마지막 한 방울까지 추출되도록 설계되었다.

추출 방법은 다른 페이퍼 드립과 다르다. 1차 추출의 물붓기로 뜸을 들이고, 2차 추출로 목표량까지 물을 부어서 마지막까지 전부 떨어뜨린다. 물 붓는 방법에 따른 맛의 변화가 적으며, 추출속도 등은 드리퍼로 컨트롤된다.

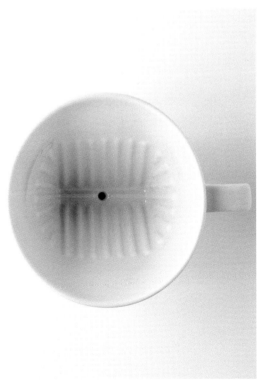

멜리타의 추출

2차 추출 **3**

2차 추출 **4**

2차 추출 **5**

2차 추출 마무리 **6**

멜리타 추출 커핑

멜리타 제조사의 추천 조건으로 추출한 커피맛을「카페 바흐」방식으로 커핑했다(제조사의 추천 범위가 넓은 경우에는 바흐 블렌드의 기본추출 조건으로 설정).

추출 조건

커피가루_ 바흐 블렌드
a. 배전도_ 조금 강하게 볶은 중강배전
b. 가루의 굵기_ 중간 굵기(5.5)

바흐의 기본추출과 다른 조건
c. 가루의 분량_ 2인분 16g
d. 물온도_ 93℃
e. 추출시간_ 2분 47초(2차 추출로 종료)
f. 추출량_ 250㎖

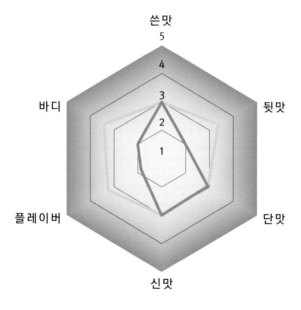

추출한 커피의 커핑 노트

플레이버
바디
뒷맛
모두 조금 약하게 느껴진다.

신맛
쓴맛
단맛
신맛도 추출되지만 쓴맛의 여운이 남으며, 단맛도 느껴진다.

전체적인 느낌
신맛과 쓴맛이 적절히 추출되며, 단맛도 느껴진다.
침지식에 가깝고, 종이필터에 있는 작은 구멍의 효과인지 살짝 기름진 느낌도 추출된다.
기술에 좌우되지 않기 때문에 누구든 쉽게 추출할 수 있다.

b. 융 드립

융 드립은 페이퍼 드립의 원형으로 천필터를 사용하여 추출한다. 순한 맛으로 추출되며 커피전문점이나 프로들이 즐기는 추출법이라고 하는데, 이는 추출의 어려움보다도 관리가 번거롭기 때문이다. 새 제품을 사용할 때는 천의 냄새나 풀기를 제거하기 위해 소량의 커피가루를 넣은 뜨거운 물에 반드시 한 번 삶아서 사용한다. 또한, 사용할 때마다 물로 씻어서 깨끗한 물을 채운 용기에 보관한다. 물은 하루에 한 번씩 반드시 교체해야 한다. 융이 바싹 마르면 천에 스며든 커피의 지방분이 산화하고 만다.

사용 후에는 물로 씻은 융을 한 번 꽉 짜서, 깨끗한 물을 채운 용기에 넣고 냉장고 등에 보관한다.

융 드립의 구조

커피가루의 여과층이 종이필터보다 두꺼워져서 뜸을 충분히 들일 수 있고, 여과속도가 균일해진다. 융필터는 취향에 따라 모양을 바꿀 수도 있다. 단, 사용하다 보면 필터가 막혀서 필터의 질이 변하므로, 그 변화를 살펴보면서 추출을 컨트롤해야 한다. 또한 일정 기간이 지나면 융필터를 교체해야 한다. 추출 방법은 페이퍼 드립의 기본추출(p.32)과 같다. 1차 추출의 물붓기로 뜸을 들이고, 이후 드리퍼의 물이 다 떨어지기 전에 2차 추출, 3차 추출을 해서 원하는 추출량을 얻을 때까지 물을 붓는다.

융 드립의 추출

융의 수분을 닦아낸다 **1**

1차 추출 **2**

뜸들이기 **3**

2차 추출 **4**

2차 추출 마무리 **5**

3차 추출 **6**

1 융필터는 설치하기 전 보관했던 용기에서 꺼내어 물에 가볍게 헹궈서 잘 짠다. 다시 한 번 행주 등으로 잘 눌러서 수분을 충분히 제거한 다음 설치하고 커피가루를 넣는다.

2 1차 추출을 시작한다. 페이퍼 드립의 기본추출과 마찬가지로, 가루 표면에 포트의 배출구를 가까이 대고 살짝 얹듯이 물을 붓는다.

3 서버에 추출액이 조금 떨어질 때까지 물을 붓고 뜸을 들인다. 뜸들이는 시간은 20~30초가 적당하다. 융은 드리퍼처럼 밀착된 차폐물이 없어서 온도가 다소 높아도 어디로든 공기가 빠져나가므로, 가루 표면에 구멍이 생기거나 갈라지는 등의 실패가 거의 없다.

4 2차 추출을 시작한다. 기본적으로는 기본추출처럼 나선을 그리듯이 천천히 물을 붓는다. 가루의 가장자리나 융 필터의 천에 물이 직접 닿지 않게 조심한다.

5 융 드립은 커피가루층이 두꺼워서 커피성분이 충분히 추출된다.

6 3차 추출을 시작한다. 3차 추출 이후, 물이 다 빠지기 전에 물을 다시 부어서 속도를 높이고 미세한 거품을 많이 낸다. 물을 붓는 속도와 물이 떨어지는 속도가 비슷한 정도면 적당하다. 원하는 추출량에 도달하면 드리퍼를 치운다.

융 드립 추출 커핑

융 드립 제조사의 추천 조건으로 추출한 커피맛을 「카페 바흐」 방식으로 커핑했다(제조사의 추천 범위가 넓은 경우에는 바흐 블렌드의 기본추출 조건으로 설정).

추 출 조 건

커피가루_ 바흐 블렌드

a. 배전도_ 조금 강하게 볶은 중강배전
b. 가루의 굵기_ 중간 굵기(5.5)
c. 가루의 분량_ 2인분 24g

바흐의 기본추출과 다른 조건

d. 물온도_ 93℃
e. 추출시간_ 2분 40초(3차 추출로 종료)
f. 추출량_ 240㎖

바흐
융 드립

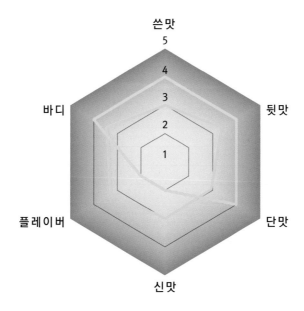

추출한 커피의 커핑 노트

바디·깊이감
뒷맛
단맛
쓴맛
　　　　　모두 온도가 높아도 확실히 추출된다.

플레이버
신맛
　　　　　플레이버와 신맛 모두 약하다.
　　　　　특히 플레이버는 숨을 멈추고 마시든 숨을 쉬면서 마시든 그다지 차이가 없다.

전체적인 느낌　약배전 원두는 떫은맛이 나므로, 강배전이나 중강배전이 가장 적당하다.
　　　　　　　　원두의 종류나 원료의 개성보다, 추출도구의 개성이 앞선다.
　　　　　　　　융 필터의 관리는 절대로 게을리해선 안 된다는 것이 전제이다.
　　　　　　　　융 필터의 모양, 크기, 융의 기모(털)를 바깥으로 할지 안으로 할지 등의 취향에 따라 맛이 좌우된다.

c. 금속필터

종이를 사용하지 않고 촘촘한 금속망을 필터로 사용하는 금속 재질의 드리퍼이다. 스테인리스나 금속 도금의 제품 등 소재도 다양하다. 작은 구멍이 뚫려 있는 것, 헤링본 무늬가 들어간 것, 구멍이 긴 슬릿(slit)형이 있다.

전용 홀더와 세트이거나 금속필터 단품인 것도 있다. 사진은 일체형인 하리오 메탈드립 디캔터이다. 미분 등으로 구멍이 막히기 쉬우므로 부드러운 솔과 중성세제로 깨끗이 씻어야 한다.

모양은 원추형 드리퍼에 가깝고, 바닥도 전부 그물망으로 되어 있어 구멍(추출구)이 없다. 추출하면 필터 전체에서 커피액이 스며나온다.

금속필터의 구조

금속필터는 그물망의 구멍이 눈에 보일 정도의 크기여서, 유지분의 추출량이 많아지는 것 외에 미분도 빠져나올 때가 많다. 원두를 간 다음 미분을 확실히 제거해서 사용해야 한다. 입안에서 유지분 특유의 식감이 느껴진다. 사용한 가루를 씻어낼 때 배수구가 막힐 우려가 있으므로, 거름망으로 걸러내는 등 배수구에 흘려보내지 않도록 대책이 필요하다. 추출 방법은 페이퍼 드립의 기본추출(p.32)과 같다. 1차 추출의 물붓기로 뜸을 들이고, 이후 드리퍼의 물이 다 떨어지기 전에 2차 추출, 3차 추출을 해서 원하는 추출량을 얻을 때까지 물을 붓는다.

금속필터의 추출

1 금속필터에 가루를 넣고, 가볍게 흔들어서 표면을 평평하게 만든다. 1차 추출을 시작한다. 페이퍼 드립의 기본추출과 마찬가지로, 포트의 배출구를 가까이 대고 살짝 얹듯이 물을 붓는다.

2 서버에 추출액이 조금 떨어질 때까지 물을 붓고 뜸을 들인다. 뜸들이는 시간은 20~30초가 적당하다.

3 2차 추출을 시작한다. 기본적으로는 페이퍼 드립의 기본추출처럼 나선을 그리듯이 천천히 물을 붓는다. 가루의 가장자리에 물이 직접 닿지 않게 조심한다.

4 금속필터의 구멍 크기와 분쇄도의 관계성에 따라 다르지만 추출액이 떨어지는 속도가 페이퍼 드립과 매우 다르므로, 물줄기의 굵기를 조절해가며 물붓기를 컨트롤한다.

5 3차 추출을 시작한다. 3차 추출 이후, 물이 다 빠지기 전에 다시 물을 붓고 원하는 추출량에 도달하면 드리퍼를 치운다.

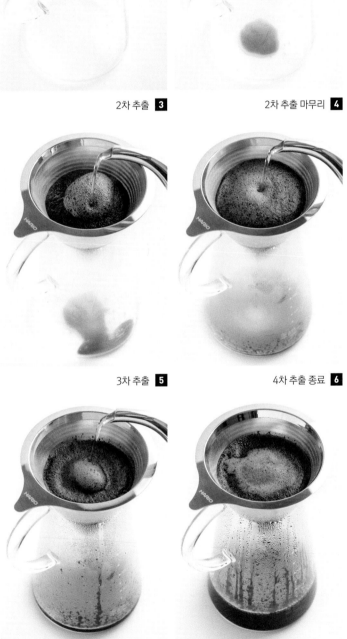

2차 추출 **3**   2차 추출 마무리 **4**

3차 추출 **5**   4차 추출 종료 **6**

금속필터 추출 커핑

금속필터로 추출한 커피맛을 「카페 바흐」 방식으로 커핑했다(제조사의 추천 범위가 넓은 경우에는 바흐 블렌드의 기본추출 조건으로 설정).

추출 조건

커피가루_ 바흐 블렌드
a. 배전도_ 조금 강하게 볶은 중강배전
b. 가루의 굵기_ 중간 굵기(5.5)
c. 가루의 분량_ 2인분 24g
f. 추출량_ 300㎖
※ 제조사 추천은 240㎖

바흐의 기본추출과 다른 조건
d. 물온도_ 93℃
e. 추출시간_ 4분 4초(4차 추출로 종료)

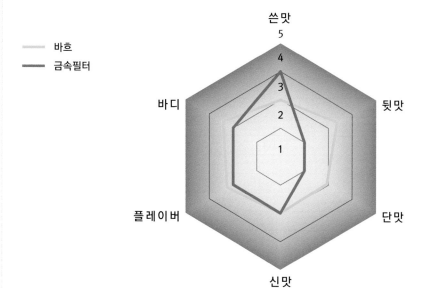

추출한 커피의 커핑 노트

뒷맛
단맛　　　　　모두 확실히 약하게 추출된다.

쓴맛　　　　　쓴맛이 조금 강하다.

전체적인 느낌　　페이퍼 드립 하리오나 칼리타 등보다 훨씬 천천히 추출액이 떨어지므로 추출시간이 길다.
시간이 길어져서 쓴맛이 강하게 난다.
중강배전이 아닌 중배전 정도의 배전도로 살짝 거칠게 갈면 금속필터의 특성을 살릴 수 있다.
프렌치프레스의 장점과 원추형(구멍 1개) 페이퍼 드립의 장점을 함께 지녔다.

d. 프렌치프레스

홍차를 추출하듯 뜨거운 물에 커피가루를 담가 추출하는 완전한 침지식 추출법이다. 금속필터로 누르기 때문에 풍부한 유지분과 함께 원두가 지닌 특성을 그대로 끌어낸다.

가루를 넣고 한 번에 물을 붓기 때문에 누구든 쉽게 추출할 수 있을 것 같지만, 세심하게 신경써야 할 부분도 있다. 충분히 뜸을 들이고, 조심스럽게 물을 부어야 하며, 누르는 타이밍을 신중하게 결정해야 한다. 이 3가지를 확실히 한다면 누구라도 균일한 맛의 커피를 추출할 수 있다.

뜨거운 물을 부은 다음, 포트 안의 커피액이 움직이지 않고 커피가루가 가라앉을 때까지 기다린다. 뒤에서 빛을 비추면 포트 안의 상태를 알 수 있다.

프렌치프레스의 구조

대표적인 침지식 추출법이지만, 뜸들이는 시간과 물을 붓는 방법 등이 맛에 큰 영향을 끼친다. 추출한 다음, 금속필터를 눌러 커피가루를 여과하고 커피액과 분리한다.

추출 방법은 페이퍼 드립의 기본추출(p.32)과 같다. 뜨거운 물이 커피가루 전체에 스며들도록 충분히 뜸을 들이고, 그 후에도 물을 부을 때는 커피가루가 흐트러지지 않도록 비스듬히 기울여 조심스럽게 붓는다. 필터를 누를 때도 세게 누르거나 위아래로 여러 번 움직이는 것은 금물이다. 가루가 떠다니지 않게 하는 것이 포인트다.

프렌치프레스의 추출

1 커피가루를 넣고, 좌우로 가볍게 흔들어 표면을 평평하게 만든다. 커피 전체가 젖을 정도로 뜨거운 물을 살며시 붓는다.

2 가루 전체에 물이 스며들면 그대로 1분 정도 뜸을 들인다.

3 손잡이를 잡고 유리포트를 기울여서, 유리의 측면을 따라 뜨거운 물을 천천히 흘려 넣는다. 가능한 커피가루를 흐트러트리지 않도록 조심스럽게 붓는다.

4 물이 위까지 차오르면 포트의 기울기를 줄인다.

5 뚜껑을 살짝 덮고, 커피가루가 움직이지 않을 때까지 기다린다. 약 2분.

6 커피가루가 떠다니지 않으면 천천히 플런저를 눌러서 마무리한다. 컵에 따른다.

뜨거운 물을 추가한다 **3**　　　물붓기 마무리 **4**

뚜껑을 덮는다 **5**　　　플런저를 누른다 **6**

프렌치프레스 추출 커핑

프렌치프레스 제조사의 추천 조건으로 추출한 커피맛을 「카페 바흐」 방식으로 커핑했다(추천 범위가 넓은 경우에는 바흐 블렌드의 기본추출 조건으로 설정).

추출 조건

커피가루_ 바흐 블렌드
a. 배전도_ 조금 강하게 볶은 중강배전
b. 가루의 굵기_ 중간 굵기(5.5)

바흐의 기본추출과 다른 조건
c. 가루의 분량_ 2인분 20g
d. 물온도_ 93℃
e. 추출시간_ 3분 30초(뜸들이기 1분)
f. 추출량_ 240㎖

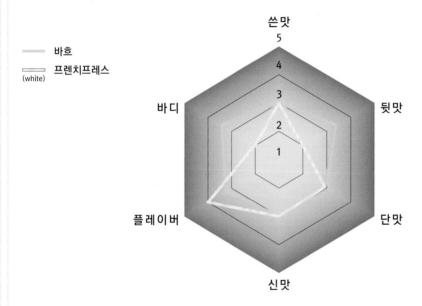

추출한 커피의 커핑 노트

플레이버
신맛
단맛

플레이버와 신맛, 단맛이 살아 있다. 중강배전과 중배전 원두가 적합하다.
침지식이어서 성분이 전체적으로 진하게 나온다.
또한, 오일은 향이 쉽게 흡착된다고 알려져 있다.

전체적인 느낌

미분이 섞이긴 하지만, 종이나 천으로 여과하지 않은 강렬한 맛이다.
원두의 질과 배전도에 따라 다른 맛을 끌어낸다.
원두의 품질이 맛을 좌우하며, 직접적인 맛을 즐길 수 있다.
뜸들이는 시간을 충분히 확보하고 물을 조심스럽게 붓는 것이 포인트이다.

커핑으로 터득하는 맛의 컨트롤

지금까지 소개한 〈chap. 2 맛을 결정하는 법칙〉과 〈chap. 3 다양한 도구를 이용한 추출〉을 이론적으로 이해했다면, 일단 맛의 컨트롤을 바로 실천해봐야 한다.

구조를 이해하기만 해서는 맛을 컨트롤하여 커피를 내릴 수 없다. 우선은 가지고 있는 추출도구로 6가지 요소의 조건을 단계적으로 조절해본다. 때로는 이제까지 사용한 적 없는 추출도구를 시험해보는 것도 좋다. 조건을 조금 바꾼 것만으로도 맛이 달라지는 경험은, 놀라움으로 몸에 각인되고 감각을 단련시켜 기억에 남을 것이다.

맛의 최종 확인을 기록으로 남겨서 검토한다

●

맛의 컨트롤을 터득하려면 조금이라도 맛있는 커피를 직접 추구할지, 가게의 타깃층을 고려해 그 취향에 맞출지, 유행하는 맛을 정확히 찾아낼지를 결정해야 한다. 자기 자신이 어떻게 하고 싶은지에 따라 맛의 방향성을 정하고, 그 맛에 가까워지도록 파고들어야 한다.

맛을 결정하기까지 몇 번이고 조건을 바꿔서 추출을 반복하다 보면, 스스로 테크닉을 연마하여 미각을 갈고 닦게 된다. 이때 가장 중요한 커핑 기록 남기기를 잊어서는 안 된다.

드립한 커피를 마셨을 때「조금 신맛이 강한걸?」,「떫은맛이 나네」등의 막연한 감상만으로는 이후의 발전을 기대할 수 없다.

커핑은 커피맛의 최종 확인이다. 확인한 맛을 바탕으로 그 조건에서 추출했을 때의 장단점(신경쓰이는 점)을 되짚어보고, 다음에는 어떤 요소를 얼마만큼 바꿔야 이상적인 맛에 가까워질지 객관적으로 검토하는 것이다.

「바흐커피그룹 연구회」에서는 다양한 의문점에 대해 로스팅 기록 카드와 커핑 카드를 첨부하여 질문에 답하고 있다. 이렇게 하면 어디에 문제가 있는지 쉽게 발견할 수 있다. 커핑에도 여러 방식이 있는데, 여기서는 추출도구를 사용하지 않고 테스트하는「SCAJ(Specialty Coffee Association of Japan, 일본스페셜티커피협회)」방식의 커핑과, 추출도구를 사용해서 실제 추출액을 비교하는「카페 바흐」방식의 커핑을 소개한다.

SCAJ 방식의
커핑

●

커핑에도 다양한 역사가 있다. 옛날에는 커피콩의 결점을 찾아내기 위해 부정적인 점을 찾아서 평가하는, 네거티브 테스트(negative test)인 브라질 방식을 주로 시행했다. 이후 스페셜티 커피가 등장하면서 처음부터 고품질을 보증하는 커피콩이 늘어나고, 커핑도 이에 맞춰 장점을 찾아내는 포지티브 테스트(positive test)가 주류를 이루게 되었다.

나라와 문화에 따라서도 추구하는 맛의 평가가 달라지며, 유럽과 미국에서는 「향」을, 일본에서는 「맛」을 추구하는 경향이 있다. 커피맛을 크게 좌우하는 쓴맛의 평가가 없는 점이 아쉽지만, 먼저 일본스페셜티커피협회에서 채용하고 있는 SCAJ 방식의 커핑을 소개한다.

1 준비물_ 원두를 간 커피가루(10g)가 담긴 유리컵, 커핑스푼, 스푼을 씻는 물이 담긴 유리컵, 커피액을 버릴 컵, 뜨거운 물.

2 뜨거운 물을 붓기 전에 커피가루의 향(프래그런스)을 맡는다.

3 유리컵에 뜨거운 물(95℃ 전후)을 180㎖ 붓는다.

4 3분 동안 뜸을 들인다.

5 표면의 가루를 무너뜨리면 갇혀 있던 향이 한꺼번에 올라온다. 유리컵에 코를 가까이 대고 향(아로마)을 확인한다.

6 표면의 거품을 스푼으로 걷어낸다.

7 8 스푼으로 커피액을 떠서 강하게 흡입한다. 이때 입을 조금 벌리듯이 공기를 쓱 빨아들여 증기 상태로 만들고, 냄새분자를 기화시켜서 코 뒤쪽 인두(입안에서 코로 연결된 통로)로 감지한다.

여러 번 커핑할 때는 입에 머금은 커피를 뱉어내고, 스푼은 깨끗한 물이 담긴 유리컵에 잘 헹궈서 다음 커핑으로 넘어간다.

SCAJ 커핑 양식

이름 : _____　세션(session) : 1 2 3 4 5　　날짜 : _____

샘플	로스팅 COLOR DEVIATION	아로마 <3>←0→+3 드라이 크러스트 브레이크	결점·문제점 #×i×4＝점수 i=<1> to <3>	플레이버	뒷맛의 인상	신맛의 질	텍스처	클린컵	단맛	하모니 (균형성)	종합평가	TOTAL

먼저 로스팅과 아로마를 확인하고, 그 밖에 플레이버, 뒷맛의 인상, 신맛의 질, 텍스처, 클린컵, 단맛, 하모니(균형성), 종합평가의 8항목에 관해 1항목당 8점 만점으로 점수를 매긴다.

「카페 바흐」 방식의 커핑

이 책에서 독자에게 추천하고 싶은 방법은, 일반적인 페이퍼 드립으로 추출한 커피를 「카페 바흐」 방식으로 커핑하는 것이다.

실제로 가게에서 독자적으로 실시하는 방법은 다음과 같다. 먼저 새로운 커피콩 샘플을 중배전, 중간 굵기로 갈아서, 컵 2개에 각각 10g을 넣고 뜨거운 물 180㎖를 붓는다. 이어 SCAJ 방식으로 일반적인 커핑을 한다. 다시 가게에서 내놓는 배전도로 생두를 로스팅하고, 각각 적정 굵기로 갈아 일반적인 페이퍼 드립으로 추출한다. 커피액을 컵에 따라서 커핑스푼으로 커핑을 실시한다.

추출한 커피를 커핑하는 장점은 실제로 체험해볼 수 있다는 것이다. 추출의 컨트롤을 터득하기 위해서도 매우 중요한 요소이다.

6가지 요소에 변화를 주거나 추출도구를 바꿨을 때의 커핑을 기록하여 남겨두면, 맛을 컨트롤하는 경향과 자기 미각의 변화 등도 눈으로 확인할 수 있다.

이 책에서 사용한 간단한 평가용지(다음 페이지 참고)를 복사, 활용하며 커핑을 꾸준히 기록하길 바란다. 커피의 세계로 파고들어 맛의 컨트롤을 터득하고 싶다면 큰 재산으로 쌓일 것이다.

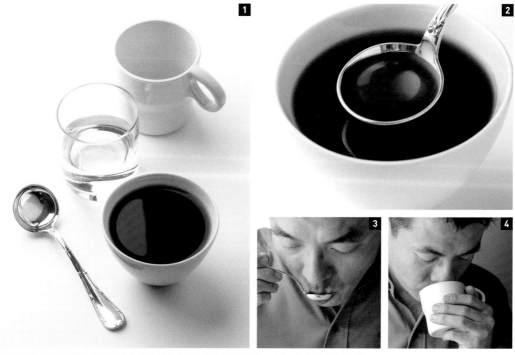

1 준비물_ 컵에 따른 갓 추출한 커피, 커핑스푼, 스푼을 씻을 물이 담긴 유리컵, 커피액을 뱉어낼 컵.

2 컵에 따른, 갓 추출한 커피액을 커핑스푼으로 떠서 색깔을 본다. 그때 액체의 상태도 기록해 두면 좋다.

3 스푼으로 뜬 커피액을 강하게 흡입한다. 이때 입을 조금 벌리듯이 공기를 쓱 빨아들여 증기 상태로 만들고, 냄새분자를 기화시켜서 코 뒤쪽 인두(입안에서 코로 연결된 통로)로 감지한다.

4 여러 번 커핑할 때는 입에 머금은 커피를 뱉어내고, 스푼은 유리컵의 물에 잘 헹궈서 다음 커핑으로 넘어간다.

원두 종류	a. 배전도	b. 가루의 굵기	c. 가루의 분량	d. 물온도	e. 추출시간	f. 추출량

플레이버
flavor

너무 약하다 거의 없다	약하다	중간	강하다	너무 강하다 불쾌하다
1	2	3	4	5

신맛
acidity

		중간		시큼하다
1	2	3	4	5

바디 · 깊이감
body

		중간		너무 강하다
1	2	3	4	5

**애프터테이스트 /
뒷맛**
aftertaste

	개운하다	중간	뚜렷하다	입안에 남는다
1	2	3	4	5

단맛
sweet

		중간		너무 강하다 불쾌하다
1	2	3	4	5

쓴맛
bitter

		중간		너무 쓰다
1	2	3	4	5

참고

EPILOGUE

●

이 한 권을 여러 번 다시 읽고 깊이 이해해서 자신의 것으로 만들었다면,
최고의 커피를 추출하는 것도 그리 먼 이야기는 아니다.
이는 커피 추출 경험이 없고,
처음부터 시작하는 사람이라 해도 마찬가지이다.

이 책에서 소개한 법칙은, 실제로 나와 카페 바흐의 소중한 스태프들이
조건을 바꿔가며 몇 번이고 추출을 거듭하여,
직접 테이스팅한 기록의 축적에서 끌어낸 법칙이다.
만약 이 책을 읽으면서 가슴이 두근거렸다면,
우리와 똑같이 몇 번이고 조건을 바꾸며
커핑을 반복하여 맛의 컨트롤에 도전해보기 바란다.

커피 추출은 사진을 찍는 것과 비슷하다.
아무리 멋진 장소를 찾고,
아무리 아름다운 피사체를 찾아도,
그곳에서 어떤 구도로 어떻게 빛을 담아
어디에 초점을 맞출지는 자신에게 달렸다.
자신의 마음이 움직일 때에야
다른 사람의 마음도 움직일 수 있는 사진이 찍힌다.

커피를 추출할 때도, 어떤 맛에 포커스를 맞추고 어떤 맛을 뽑아내느냐에 따라
같은 원두로도 전혀 다른 커피가 완성된다.
맛을 결정하는 것은 자기 자신이다.

●

자신이 설레는 커피여야 마시는 사람의 마음도 사로잡는다.
그런 커피를 찾는 즐거움이, 이 책으로 당신에게 전해지기 바란다.

카페의 일은 대부분 보이지 않는 곳에서 이루어진다.
커피콩을 구입하여 로스팅하고,
커피를 추출하는 주방을 구석구석 청결하게 유지하며,
도구를 정성스레 손질해 최상의 상태로 보관하는 것도 빠트려선 안 된다.
세심한 배려가 켜켜이 쌓여 완성한 맛에
커다란 차이로 표현된다.

가게를 운영하려면, 커피맛뿐만 아니라
가게 안의 모든 공간을 똑같은 마음가짐으로 대해야 한다.
커피는, 커피 자체의 맛과 함께 마시는 공간에도 큰 영향을 받는다.
그 점을 잊지 말아야 한다.

내가 지향했던 맨 처음 목표는 이루어졌을까?

「젊고 장래가 밝은 후배들에게 이러한 법칙을 전해서
더 많은 손님에게 커피의 매력을 알리는 것.」

커피의 미래를 위해.

다구치 마모루

커피메이커로 내린 커피는 커피가 아닐까?

지금으로부터 약 20년 전의 일이다. 오사카에 있는 일본경제신문의 한 기자에게 전화를 받았다.

"다구치 씨는 커피메이커로 내린 커피는 커피가 아니라고 생각하시나요?"

자세한 이야기를 들어보니, 그 질문을 한 기자는 이런 경험을 했다고 한다.

어떤 커피숍에서 「외근을 마치고 회사에 돌아와 마시는 커피는 정말 맛있다」고 주인에게 말했더니, 「그런 커피는 커피라고 할 수 없다」는 말을 들었다고 했다. 모든 것을 부정당한 기분이 들어서 나에게 전화를 걸어온 것이다.

나는 이렇게 대답했다.

"아니요. 절대 그렇지 않습니다. 지금 이렇게 통화하고 있는 제 옆에도 커피메이커가 있는걸요. 저 역시 밤에 일할 때는 커피메이커로 내린 커피를 마십니다."

"그렇군요!"

그 기자는 전화 너머로 놀라면서도 안심한 듯이 대답했다.

"가게에 오는 손님도, 집에서 커피메이커를 사용하는 분들이 오히려 정기적으로 커피 원두를 사간답니다. 카페 바흐에서는 그런 손님에게 커피메이커의 모델 번호를 물어서, 그 도구로 바흐의 맛과 비슷하게 추출하려면 어떻게 사용해야 할지 알아보고 조언해주고 있지요. 커피를 손쉽게 즐길 수 있으니, 커피메이커는 멋진 도구랍니다."

나는 망설이지 않고 이렇게 대답했다.

내 목적은 커피를 맛있게 즐기는 것이다. 그 후, 커피메이커로도 좀더 자신의 취향에 맞는 맛으로 컨트롤할 수 있으면 좋겠다고 생각

해왔다.

사무실 등에서 바쁜 가운데 한숨 돌리는 시간에는 꼭, 맛있는 커피를 간편하게 즐겼으면 좋겠다고 말이다.

그로부터 20년이 지났다. 맛있는 커피를 추구한 결과, 「나만을 위한 커피 한 잔」을 만나게 해 줄 커피메이커가 드디어 완성되었다. 어딘가의 사무실에서 외근 후에 돌아온 회사원의 피로를 풀어주고, 가족과 보내는 귀중한 시간에 늘 함께하는 모습을 떠올리며 제조사와 공동 개발로 완성한 것이다.

그때의 기자에게 고맙다는 말을 전하고 싶다. 그리고 이 커피메이커로 커피를 간편하게 즐기기를 진심으로 바란다.

착탈식 저속 절구식 평면날을 채용했다. 관리하기 쉬우며 입자 크기를 균일하게 갈 수 있다. 온도(90℃·83℃)와 분쇄 굵기(굵게·중간·곱게)를 조정할 수 있다. 추출 시, 물이 여섯 방향에서 단속적으로 나오는 샤워드립으로 커피가루층을 무너트리지 않고 추출할 수 있다.

크기_ W160×D335×H360(㎜)
무게_ 약 4.1㎏(제품 본체만)
문의처_ 트윈버드(Twinbird)

MAMORU TAGUCHI

1938년 홋카이도 삿포로시에서 태어났다. 1968년에 「카페 바흐」를 개점하고, 1974년에 자가배전을 시작했다. 같은 해에 「카페 바흐」 그룹 주관으로 많은 후배를 육성했다. 1978년 이후로 여러 차례 커피 소비국과 생산국을 방문했으며, 커피를 생산하는 여러 나라에서 커피 농장을 지도했다. 또한 바흐 커피 주관으로 많은 후배를 지도했으며, 전국 각지에서 바흐 커피의 졸업생이 활약하고 있다. SCAJ(일본스페셜티커피협회)에서 트레이닝위원회 위원장과 회장을 역임했으며, 인재 육성에 전념하고 있다. 「스페셜티 커피대전」, 「카페 바흐 페이퍼 드립의 추출 기술」(아사히야 출판), 「맛있는 커피의 방정식」(NHK 출판 / 공저) 등의 저서가 있다. 「일본에서 소문난 커피명가 〈카페 바흐〉 커피&디저트」(그린쿡)는 한국에서 번역 출간되었다.

KOICHI YAMADA

1978년 사이타마현에서 태어났다. 「카페 바흐」의 총지점장 및 공장장을 맡고 있다. 일본에 300명뿐인 SCAJ 어드밴스드 커피 마이스터이다. 1988년에 츠지쵸그룹·에콜츠지도쿄를 졸업하고, 유한회사 다구치커피(카페 바흐)에 입사해서 2003년부터 총지점장을 맡고 있다. 여러 커피 생산국과 소비국을 시찰했으며, 2005년에 미국 캘리포니아 롱비치에서 큐 그레이더(Q-grader)를 취득했다. 2007년 EAFCA 에디오피아, 2011년 베스트 오브 파나마(Best of Panama)에서 심사위원으로 활동하는 등 일본과 해외에서의 심사위원 경험이 많다. 츠지쵸그룹 학교 강사, NHK 문화센터 강사로도 활동하고 있다.

카페 바흐

東京都台東区日本堤1-23-9
전화 03-3875-2669
팩스 03-3876-7588
영업시간 8 : 30 ~ 20 : 00
정기휴일 매주 금요일

고경옥 옮김

대학에서 일어일문학을 전공하였으며, 현재는 바른번역에서 일본어 전문번역가로 활동 중이다. 바리스타 자격증을 취득하고 카페에서 직접 근무한 경력을 바탕으로, 원문의 향이 살아나는 번역을 위해 노력하고 있다. 옮긴 책으로는 「이유가 있어서 진화했습니다」, 「세상에서 가장 아름다운 밤하늘 교실」, 「엄마는 이제 졸업할게」 등이 있다.

커 피 추 출 의 법 칙
THE TECHNIQUE OF COFFEE BREWING

펴낸이 유재영 ┃ **펴낸곳** 그린쿡 ┃ **지은이** MAMORU TAGUCHI, KOICHI YAMADA ┃ **옮긴이** 고경옥
기 획 이화진 ┃ **편 집** 나진이, 이준혁 ┃ **디자인** 정민애

1판 1쇄 2020년 11월 10일
1판 2쇄 2022년 1월 20일
출판등록 1987년 11월 27일 제10-149
주소 04083 서울 마포구 토정로 53 (합정동)
전화 324-6130, 6131
팩스 324-6135
E메일 dhsbook@hanmail.net
홈페이지 www.donghaksa.co.kr
www.green-home.co.kr
페이스북 www.facebook.com / greenhomecook
인스타그램 www.instagram.com / __greencook

ISBN 978-89-7190-761-0 13590

• 이 책은 실로 꿰맨 사철제본으로 튼튼합니다.
• 잘못된 책은 구매처에서 교환하시고, 출판사 교환이 필요할 경우에는 사유를 적어 도서와 함께 위의 주소로 보내주세요.

COFFEE CHUSHUTSU NO HOUSOKU
© MAMORU TAGUCHI / KOICHI YAMADA 2019
Originally published in Japan in 2019 by NHK Publishing, Inc., TOKYO,
Korean translation rights arranged with NHK Publishing, Inc., TOKYO,
through TOHAN CORPORATION, TOKYO, and EntersKorea Co., Ltd.,SEOUL.
Korean translation copyright © 2020 by Donghak Publishing Co., Ltd., SEOUL.